BIBLIOTHÈQUE INSTRUCTIVE

LES INSECTES

NUISIBLES A L'AGRICULTURE

ET A LA VITICULTURE

2774-85. Corbeil. — Typ. et ster. Crété.

BIBLIOTHÈQUE INSTRUCTIVE

LES INSECTES

NUISIBLES A L'AGRICULTURE

ET A LA VITICULTURE

PAR

ERNEST MENAULT

DEUXIÈME ÉDITION

« L'ignorance seule est nuisible. »

OUVRAGE

ILLUSTRÉ DE 105 GRAVURES SUR BOIS

PARIS

LIBRAIRIE FURNE

JOUVET ET Cⁱᵉ, ÉDITEURS

5, RUE PALATINE, 5

M DCCC LXXXVI

PRÉFACE

Pendant des siècles, l'ignorance de l'entomologie n'a pas permis de connaître les Insectes nuisibles aux récoltes, aussi n'a-t-on pu songer à les combattre.

C'est un arrêt du 4 février 1732 qui s'occupa pour la première fois de la destruction des Insectes, encore ne s'appliquait-il qu'aux Chenilles. Il ordonnait à tout propriétaire ou fermier de brûler les bourres et les toiles, à peine de 50 livres d'amende. Ces prescriptions, qui furent renouvelées en 1777 et 1786, cessèrent d'être obligatoires à la révolution.

La Constituante se contenta, dans la loi de 1791, de recommander aux administrations départementales la destruction des Insectes nuisibles, mais ces dispositions n'étant point obligatoires, elles demeurèrent impuissantes.

Pour suppléer à leur insuffisance, le législateur exhuma les prescriptions des anciens arrêts sur l'échenillage et les fit passer dans la loi du 26 ventôse an IV.

Cette loi, avec quelques articles du Code pénal, règle aujourd'hui la matière.

Mais les dispositions de la loi de pluviôse sont fort incomplètes, elles ne s'appliquent qu'aux Chenilles, elles supposent à tort que l'échenillage ne peut avoir lieu qu'au printemps.

On ne tarda pas à reconnaître l'insuffisance de la loi et le manque de connaissances entomologiques. Dans les départements de la Marne et de Seine-et-Marne, des plantations d'ormes et de pins furent détruites par le Scolyte. Les départements de Seine-et-Oise, Saône-et-Loire, Côte-d'or, du Rhône, de la Charente-Inférieure, de l'Hérault, des Pyrénées-Orientales furent dévastés par les Pyrales.

Alors, après avoir chargé l'Académie des sciences d'étudier les mœurs de tous les Insectes nuisibles à l'agriculture pour découvrir les moyens de les détruire, le gouvernement arrêta les bases d'un projet de loi qui fut présenté le 5 janvier 1839 à la Chambre des pairs par Martin du Nord, ministre des travaux publics.

Voici quel était le texte de ce projet :

« Art. 1ᵉʳ. — Les préfets sont autorisés à prescrire les mesures nécessaires pour arrêter les ravages causés par les Insectes nuisibles à l'agriculture.

« Art. 2. — Dans chaque commune les mesures prescrites seront exécutées sous l'autorité du maire. Tout propriétaire ou fermier qui aura négligé de les exécuter dans les délais déterminés sera passible de l'amende portée à l'art. 471 du Code pénal. »

M. Richard du Cantal, dans un rapport destiné à appuyer une proposition faite à l'Assemblée nationale en 1848, ayant pour but de chercher les moyens propres à détruire les Insectes nuisibles, estimait à cette époque à 200 millions la perte causée annuellement à nos récoltes de céréales.

En 1872, M. Ducuing, membre de l'Assemblée nationale, a présenté à la Chambre un projet de loi qui reproduit et complète le dispositif de celui du 5 janvier 1839.

Le projet a été pris en considération.

Une commission a été nommée pour examiner la proposition de loi de M. Ducuing. Un rapport préliminaire a fait connaître les résultats de l'enquête que cette commission avait provoquée auprès des comices agricoles et des sociétés d'agriculture de toute la France, concernant les Insectes nuisibles et les moyens propres à prévenir ou à circonscrire leurs ravages.

Dans ce rapport on relate cette déclaration du comice de Chartres : Depuis environ dix ans, l'Altise détruit à peu près toutes les récoltes de colza.

A l'aide de tous les documents qui ont été recueillis sur les dégâts causés par les Insectes nuisibles, M. Ducuing a estimé à 300 millions les préjudices qu'ils causent, année moyenne, à la France, en dehors de ceux produits par le phylloxera, c'est ce qui est confirmé dans le rapport de la commission annexé au procès-verbal de la séance du 16 juillet 1874 ; cette commission s'est préoccupée avec raison de la conservation des oiseaux insectivores. Néanmoins, malgré les arguments sérieux contenus dans ce rapport, la Chambre n'a pas adopté ce projet de loi.

Trois ans plus tard MM. de La Sicotière, Grivart et le comte de Bouillé présentèrent au Sénat une proposition de loi relative à la destruction des Insectes nuisibles et à la conservation des oiseaux utiles à l'agriculture. Dans le rapport fait à ce sujet, il est dit que de 1828 à 1837, en dix années, et seulement dans 23 communes du Mâconnais et du Béarn, représentant trois mille hectares de vignes, les ravages causés par la Pyrale furent évalués, d'après un calcul fondé sur des bases fournies par l'administration des contributions, à 34,080,000 fr. soit plus de 3 millions par an.

Quant aux céréales, on n'évalue pas à moins de 4 millions de francs la valeur du blé que fait mourir en une seule année, dans l'un de nos départements de l'Est, la larve de la Cécydomie.

En admettant que la production en France, année moyenne, soit de 48 millions d'hectolitres de vin, de 95 millions d'hectolitres de blé, de 32 millions de quintaux de betteraves et que cette production dans son ensemble représente une valeur de plus de 3 milliards. La commission a reconnu que les dommages annuels atteignent le dixième, le cinquième, parfois même le quart des récoltes, soit au minimum 300 millions.

Dans cette évaluation, n'étaient pas compris les 300 millions du Phylloxera. C'est donc un impôt total de plus de 600 millions, de près d'un millard, suivant quelques économistes.

Malgré cela, le projet de loi ne fut pas adopté. Depuis lors, la situation n'est pas devenue meilleure. La concurrence des blés américains et autres ne s'est pas amoindrie. Il importe donc plus que jamais de combattre les Insectes qui, en diminuant nos récoltes, nous mettent dans une situation encore plus difficile pour lutter contre l'étranger. C'est pourquoi nous avons cru utile de compléter la première édition de notre livre sur les Insectes considérés comme nuisibles à l'agriculture. Nous l'avons mis, autant que possible, au courant des nouvelles découvertes entomo-

logiques ; nous y avons ajouté les Insectes nuisibles à
la vigne, et à ce sujet nous signalerons à nos lecteurs
une excellente étude sur le Calocoris de la vigne, publiée en ce moment dans le *Journal d'Agriculture pratique* par le Dr G. Patrigeon, qui d'après les indications
de M. Jules Kunckel d'Herculais, aide naturaliste au
Muséum d'histoire naturelle de Paris, range cet insecte
dans le genre *Lopus* démembré du genre *Capsus ;* ce serait le *Lopus albomarginatus* de Fieber, nouvel ennemi
de la vigne dont les grains sous son action se parsè-
ment de taches noires, puis deviennent ternes, mous,
se flétrissent et tombent au moindre contact. Nous re-
grettons que le travail du Dr Patrigeon n'ait pas été
terminé au moment de notre publication, nous en
eussions fait profiter nos lecteurs.

Nous aurions voulu faire connaître les Cryptogames
qui altèrent les céréales, les betteraves, les pommes
de terre et aussi l'Antrachnose, le Pourridié, l'Oïdium
et le Mildew, etc., qui s'attaquent à la vigne, mais
c'eût été sortir de notre cadre. Cette étude fera l'objet
d'un autre livre.

Tel qu'il est, notre petit ouvrage sera, nous l'espérons, un nouvel argument en faveur de l'adoption
d'un projet de loi contre les animaux nuisibles, déposé par M. Méline, ministre de l'agriculture.

En attendant, outre les moyens de destruction

que nous avons indiqués contre les Insectes nuisibles, nous prions MM. les instituteurs de nous venir en aide, d'interdire aux enfants le dénichage des couvées et la destruction des nids, car, outre les oiseaux insectivores, presque toutes les espèces sans exception nous sont utiles au printemps, alors que pour nourrir leurs petits elles font aux Insectes une chasse incessante.

Ernest MENAULT.

LES

INSECTES NUISIBLES

A L'AGRICULTURE ET A LA VITICULTURE

DESCRIPTION SOMMAIRE D'UN INSECTE

Les insectes sont de petits animaux de la classe des
invertébrés. Ils tirent leur nom, *Insectes*, du latin
secare, couper, parce que le corps de ces petits
êtres est, en général, divisé par étranglements ou par
anneaux.

La tête est une des parties les plus compliquées
d'un insecte. On y remarque les antennes, les yeux et
la bouche ; cette dernière se compose de six pièces
principales :

1° Quatre latérales disposées par paires et se mou-
vant transversalement. Les deux supérieures se nomment mandibules, et les deux inférieures mâchoires ;
on trouve sur chacune de ces mâchoires un ou deux
petits filets articulés : ce sont les palpes ou antennules.

2° Deux autres pièces transversales, opposées et
placées, l'une au-dessus des deux mandibules qu'on
appelle labre ou lèvre supérieure, l'autre au-dessous
des mâchoires, c'est la lèvre inférieure, composée de

1

deux parties bien distinctes : le menton et la languette.

Les ailes des insectes méritent aussi d'être étudiées.
Quelquefois elles sont au nombre de deux, et, dans ce
cas, elles sont toujours membraneuses, comme, par exemple, celles d'une mouche ; les insectes à deux ailes se nomment *diptères*. Au-dessous des ailes, près de l'insertion, on remarque un petit filet mobile ; au-dessus est une petite écaille membraneuse, formée de deux pièces réunies par un de leurs bords et représentant assez bien les deux valves d'une co-quille. Cette pièce se nomme le cuilleron ou l'aileron : beaucoup d'insectes ont quatre ailes. Chez les uns, elles sont toutes quatre membra-neuses, ainsi les Demoi-selles ; chez d'autres, par exemple les Papillons, elles sont recouvertes d'une poussière farineuse toujours colorée des plus brillantes teintes. Cette poussière, vue à la loupe, n'est rien autre chose qu'un nombre prodigieux de petites écailles de formes variées, tou-jours régulières et placées en recouvrement, avec

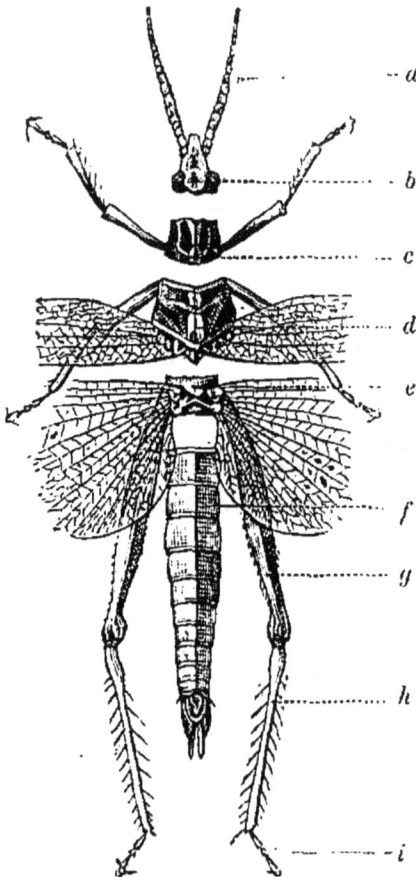

Description d'un insecte (*).

(*) *a*, antennes ; *b*, tête ; *c*, prothorax ; *d*, mésothorax ; *e*, métathorax ; *f*, abdomen ; *g*, cuisse ; *h*, jambe ; *i*, tarse.

beaucoup de symétrie, sur la membrane transparente de l'aile. D'autres insectes, comme le Hanneton ou le Cerf-volant, ont aussi quatre ailes, mais de consistance tout à fait différente ; celles de dessus sont formées d'une substance ferme ou même dure, plus ou moins cornée, opaque ; elles ont, quand elles sont fermées, la forme d'un demi-étui dans lequel la moitié supérieure du corps de l'animal serait enchâssée : ce sont les *élytres*, et l'insecte qui en est pourvu porte

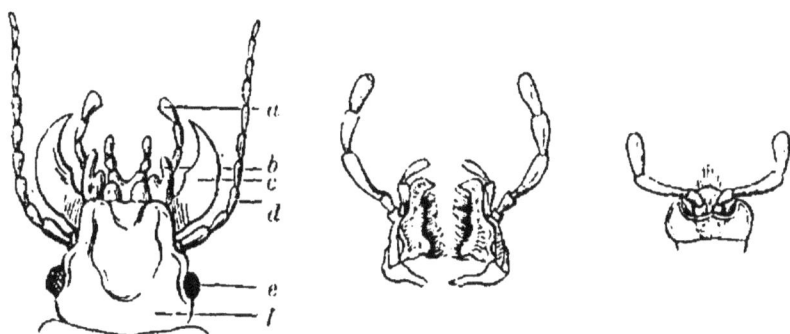

Tête (*).   Mâchoire portant   Lèvre inférieure avec
            ses palpes.   ses palpes.

le nom de *coléoptère*. Sous ces élytres sont cachées des ailes membraneuses repliées transversalement pendant le repos.

Il arrive quelquefois que ces ailes supérieures ne sont de substance ferme et écailleuse que dans la moitié supérieure de leur longueur, et que le reste est membraneux. Dans ce cas, elles prennent le nom de *demi-étui* ou *hémilytre*.

(*) *a*, palpes ; *b*, mâchoires ; *c*, mandibules ; *d*, antennes ; *e*, yeux ; *f*, tête.

INDICATION

DES CARACTÈRES DES PRINCIPAUX ORDRES D'INSECTES.

Les insectes que nous allons étudier appartiennent aux ordres suivants : Coléoptères, Hémiptères, Hyménoptères, Diptères, Orthoptères et Lépidoptères.

COLÉOPTÈRES.

Le mot coléoptère, tiré du grec, veut dire littéralement : *ailes renfermées dans un étui*. Les caractères des insectes de cet ordre sont : ailes antérieures ou supérieures crustacées, ne se croisant jamais ; ailes postérieures ou inférieures membraneuses, offrant des nervures raméuses et se repliant sous les premières (élytres) ; bouche munie de mandibules, mâchoires et lèvres libres, propres à triturer les corps solides. Le Carabe, le Hanneton, le Charançon sont des coléoptères.

HÉMIPTÈRES.

Le mot hémiptère veut dire : *ailes demi-coriaces* et demi-membraneuses ; les antérieures sont, en effet, souvent cornées dans leur moitié antérieure ; bouche composée de pièces soudées entre elles de manière à constituer un suçoir ; les mandibules, les mâchoires, la lèvre inférieure qui leur sert de gaîne, et la lèvre supérieure qui la protège en dessus, ayant la forme de soies grêles.

Exemple : les Pucerons, les Thrips.

HYMÉNOPTÈRES.

On appelle hyménoptères des insectes qui ont des ailes membraneuses. Leurs caractères sont :

Ailes entièrement membraneuses croisées horizontalement sur le corps, et pourvues de nervures sans réticulations; trois ocelles ou yeux ronds sur le front; bouche composée de deux mandibules cornées, de mâchoires et de lèvres plus ou moins allongées et propres à sucer.

Exemples : l'Abeille, l'Ichneumon.

DIPTÈRES.

Les diptères sont des insectes qui n'ont que deux ailes. Leurs caractères sont :.

Ailes antérieures grandes, veinées; les postérieures, très rudimentaires, réduites à la forme de simples petits balanciers ; bouche composée de pièces soudées entre elles, constituant un bec.

Exemple : la Mouche.

ORTHOPTÈRES.

Les orthoptères appartiennent à un ordre d'insectes comprenant ceux dont les ailes sont pliées longitudinalement.

Leurs caractères sont :

Ailes antérieures semi-cornées, croisées ordinairement l'une sur l'autre; les postérieures, membraneuses, très veinées et pliées longitudinalement en éventail pendant le repos; bouche composée de pièces libres, comme dans les coléoptères.

Exemple : la Sauterelle.

LÉPIDOPTÈRES.

Les lépidoptères sont des insectes qui subissent une métamorphose complète ; *leurs ailes membraneuses sont couvertes de petites écailles*, semblables à une fine poussière ; la bouche est composée de mâchoires et de lèvres allongées et soudées ensemble, de manière à constituer une trompe : les mandibules très rudimentaires.

Exemple : les Papillons.

MÉTAMORPHOSES DES INSECTES.

Chez les insectes le mâle meurt après avoir fécondé sa femelle, et celle-ci, après avoir pondu ses œufs dans le lieu le plus favorable à l'éducation des petits êtres qui en sortiront, ne tarde pas non plus à périr. L'œuf éclot, mais le petit qui en sort n'a aucune ressemblance, aucune analogie de forme avec ses parents : c'est un ver mou, allongé, sans ailes, que l'on nomme *chenille*, quand ses parents sont des Papillons, et *larve* pour tous les autres insectes. L'insecte passe dans ce premier état la plus grande partie de sa vie, prend de l'accroissement, change plusieurs fois de peau, puis, dans un lieu retiré qu'il se choisit à l'abri de tout danger, il quitte sa forme de larve ou de chenille et se métamorphose en *chrysalide*, s'il doit être Papillon, ou en *nymphe* s'il appartient à une autre classe. Cette nymphe est de forme oblongue, sans membres distincts, souvent enveloppée dans une coque de soie ou de terre, sans aucun mouvement, et ayant toute l'apparence de la mort et du dessèchement. Après un temps plus ou moins long, la nymphe ou la chrysalide se fend et il en sort un *insecte parfait*, capable au bout de quelques heures de reproduire son espèce.

Quelques insectes cependant, mais en très petit nombre, font exception à cette loi de métamorphose, et sortent de l'œuf tels qu'ils seront toujours ; chez d'autres, la nymphe ne diffère de l'état parfait que par l'absence de quelques parties et notamment des ailes, dont elle n'a que les rudiments.

COLÉOPTÈRES

CHARANÇON DU BLÉ

(Sitophilus granarius, curculio).

Synonymie : RHYNCÉPHORE. — PORTE-BEC. — CALANDRE COSSON OU GOUSSON.

...Populatque ingentem farris acervum
Curculio...   *Georg.*, lib. 1,
Le Charançon ravage un vaste tas de blé.

Le Charançon est un coléoptère de la famille des Curculioniens. Ces insectes se reconnaissent aisément à leur tête prolongée en museau ou en trompe, à leur bouche toute rudimentaire, à leurs antennes souvent coudées après le premier article.

Les curculioniens ont reçu le nom vulgaire de charançons et celui de rhyncéphores à raison de la conformation particulière de leur tête. Si l'on en croit Varron, l'agriculteur romain, le nom latin *curculio* du charançon s'écrivait d'abord *gurgulio* et signifiait grand gosier ou grand mangeur.

Les curculioniens vivent exclusivement de matières végétales ; leurs larves, privées de pattes, sont de consistance charnue, et plus épaisses antérieurement que vers l'extrémité, avec une tête très petite ; elles vivent dans l'intérieur des végétaux, soit dans les tiges, les troncs ou dans les graines.

M. Émile Blanchard classe le charançon du blé dans le groupe des *Calandrites*, insectes dont les antennes n'ont pas plus de six articles avant la massue. Les caractères spéciaux qui font distinguer le Charançon sont d'abord : l'abdomen dont l'extrémité est à découvert, puis les antennes coudées qui sont armées d'une massue plus ou moins comprimée.

Lorsqu'on regarde un Charançon, on voit un petit insecte d'un brun plus ou moins foncé qui, avec sa trompe, a trois millimètres de longueur, son corselet a la même étendue que les élytres et forme à peu près la moitié du corps.

Les élytres ne sont guère plus larges que le corselet, un peu arrondies à leur extrémité ; elles présentent des rainures longitudinales dans toute leur étendue.

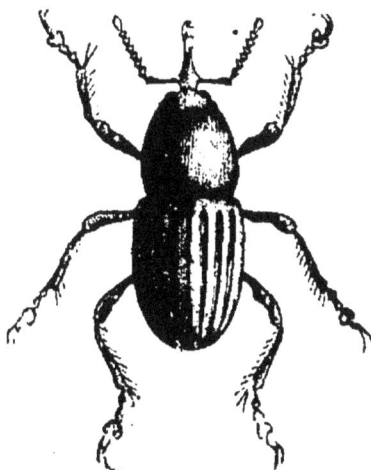

Charançon du blé.

Les Charançons causent de grands ravages dans les greniers. Mais ne croyez pas qu'on les y rencontre à toutes les époques de l'année. En hiver, vous avez beau les chercher, vous ne les trouverez pas. C'est vers la fin d'avril ou au commencement de mai, dès les premières chaleurs du printemps, qu'on les voit apparaître sur les sacs de blé ou qu'on les trouve dans les fentes du plancher. Alors commence la fécondation qui n'aurait pas lieu s'il faisait plus froid, si par exemple la température était abaissée de 8 ou 9 degrés au thermomètre de Réaumur. La femelle, après avoir été fécondée, entre dans un tas de blé, y pénètre à 5 ou 6 centimètres de profondeur pour y être tranquille,

puis elle choisit le grain dans lequel elle veut pondre
son œuf, et à l'aide de sa trompe et de ses dents, elle
y fait un petit trou, ordinairement dans le sillon où
l'enveloppe est le plus tendre. Comme si elle vou-
lait mieux cacher l'endroit où elle va déposer son œuf,
elle dirige ce petit conduit obliquement et le bouche
avec un enduit de la couleur même de la semence attaquée, de sorte que l'œil le plus exercé n'en saurait
découvrir le trou.

Elle attaque ainsi une quantité de grains égale à la
quantité d'œufs qu'elle doit pondre.

L'œuf déposé dans le grain ne tarde point à éclore :
il en provient une petite larve, blanche, allongée,
molle, ayant le corps formé de neuf anneaux, avec
une tête de consistance cornée, munie de deux fortes
mandibules, au moyen desquelles elle agrandit chaque
jour sa demeure, en se nourrissant de la substance
farineuse dont est composé son berceau. Parvenue au
terme de son accroissement, elle est alors longue
de 3 millimètres environ, elle se métamorphose en
nymphe, sommeille dans cet état durant huit ou dix
jours, et se transforme enfin en insecte parfait, capable
de perpétuer la race destructrice. La durée des métamorphoses de la calandre est subordonnée au degré de
la température atmosphérique, la chaleur l'accélérant
et le froid la retardant beaucoup : en terme moyen, à
compter du dépôt de l'œuf jusqu'à l'émancipation de la
calandre, on l'évalue de quarante à quarante-cinq jours.
Bory de Saint-Vincent dit que, selon le calcul de Déjeer,
une seule mère peut, dans le cours d'une année, produire 23,600 individus, résultat effrayant ; on a également affirmé qu'il suffit de 12 paires de Charançons
dans un hectolitre de blé pour procréer plus de 75,000
individus de leur espèce dont chacun détruit 3 grains

par année pour sa subsistance, ce qui représente plus
de 9 kilogrammes de blé pour 75 kilogrammes ou 12
p. 100, d'autres naturalistes restreignent cette fécondité à 6000 environ. Ce dernier chiffre suffit à lui seul
pour justifier les craintes du cultivateur à l'égard de
cet insecte.

Le grain rongé à l'intérieur par la larve du Charançon n'est nullement altéré dans sa forme ni dans sa
couleur, il est même impossible de le distinguer du
grain non attaqué ; mais si on le jette dans l'eau, il
surnage, tandis que le blé sain se précipite au fond du
liquide.

Les Charançons mâles vivent à peine quelques jours
après la fécondation. La femelle prolonge son existence jusqu'à la fin de la ponte, et, comme elle a beaucoup d'œufs à pondre, elle vit plus longtemps. Quand
le grain lui manque pour pondre, elle tombe dans un
état d'engourdissement qui n'est pas la mort et qu'elle
prévoit sans doute, car elle choisit une retraite pour
s'engourdir. Le voisinage du grain, dont l'odorat l'a-
vertit probablement, la réveille ; elle pond, puis elle
meurt.

C'est donc surtout à l'état de larve que le Charançon
cause le plus de dégâts ; à l'état parfait ne rongent le
blé que ceux qui n'ont pas accompli l'acte de la fécondation qui a lieu pendant toute la belle saison,
jusqu'à ce que le froid ôte à l'insecte l'activité nécessaire à la propagation de son espèce. Alors il quitte
les tas de blé et va chercher un gîte dans les trous de
murs et les fentes du plancher, où il est difficile de le
trouver ; et dès les premières chaleurs du printemps, il apparaît, s'accouple, se reproduit et meurt.

Il y a un instinct merveilleux dans cet insecte qui
doit mourir immédiatement après avoir produit, et

qui ne dépose ses œufs que dans l'endroit où les larves pourront se nourrir. Cette prévoyance de la postérité est remarquable chez les coléoptères. Ainsi la femelle du hanneton enterre ses œufs pour qu'au moment de leur naissance les larves soient à portée des racines dont elles se nourrissent. D'autres femelles de coléoptères entassent des provisions autour de leurs œufs pour l'usage d'une postérité qu'elles ne connaîtront pas, car elles meurent avant la naissance de leurs larves. L'instinct indique à la mère de l'insecte où elle doit pondre et comment elle doit assurer l'existence de ses petits, sans qu'on puisse dire si elle se souvient de ce qu'elle a mangé étant elle-même à l'état de larve.

MOYENS DE DESTRUCTION.

Ils sont de plusieurs sortes : les uns, les premiers que nous donnerons, sont tirés du règne végétal ; certaines plantes, telles que la fleur du houblon, celle du sureau, l'absinthe, la rue, l'aurone, la sarriette, la lavande, la nielle et la coriandre, en un mot presque toutes les plantes à odeur pénétrante, ont, dit-on, la propriété, sinon de toujours faire mourir les Charançons, au moins de les éloigner. La décoction de ces plantes, comme aussi celle du lierre, du buis, du pied d'alouette, répandue dans les greniers, produit le même effet.

Si l'on en croit Valmont de Bomare, tous ces moyens sont insuffisants ou impraticables. L'expérience faite par Duhamel de renfermer du blé attaqué par les Charançons dans une caisse vernissée d'huile de térébenthine, où les Charançons ont très bien vécu, donne lieu, dit-il, de se méfier de ces prétendus moyens de les faire périr ou de les chasser avec des décoctions d'ail ou d'autres plantes d'une odeur forte et désagréable. Selon ce naturaliste, la seule vapeur de soufre les fait périr, mais communique au blé une odeur désagréable.

Dans quelques provinces, on mêle des grains de millet avec les blés, parce qu'on a remarqué que les Charançons s'attachent de préférence à ceux-là. Au bout d'un certain temps, on prend un crible fait ex-près, à travers lequel passent la poussière et le millet.

Les bons effets de la méthode du pelletage ou re-muage à la pelle, qui est encore aujourd'hui la plus employée, reposent sur ce fait que les insectes aiment la tranquillité. Au moindre bruit, ils percent les grains où ils ont pris naissance, et s'en vont chercher domicile ailleurs ; ennemis de la lumière, ils aiment cependant la chaleur, et préfèrent habiter au midi, mais dans l'endroit du grenier le plus abrité, le plus reculé, le plus obscur. C'est pourquoi les Charançons se plaisent dans le blé, pour y faire leur ponte et s'en nourrir. La petitesse des grains constitue entre eux un rapprochement très serré qui forme un obstacle impénétrable à la lumière.

On emploie aussi le grenier aérateur de M. Devaux qui consiste en grandes cages carrées munies au centre d'un tube en tôle perforée. A la base du gre-nier et aboutissant au tube central sont placés deux tuyaux dont l'un correspond avec l'air extérieur et l'autre avec un ventilateur mû par un moteur quel-conque. Le premier de ces tuyaux sert à l'aération naturelle, le second à la ventilation artificielle employée contre les insectes.

Évidemment le Charançon qui aime la chaleur et craint le mouvement ne pourra résister au courant d'air du grand aérateur.

Un moyen radical, mais infaillible celui-là, consiste à détruire le blé attaqué par les Charançons ; on assure ainsi la conservation du reste, surtout si on a soin de mettre un bon foin d'herbe dans le grenier infecté.

Constatons enfin qu'aujourd'hui, les réserves de grains étant beaucoup moins importantes qu'autrefois, les ravages de l'insecte ennemi sont moins graves.

CHARANÇON DU TRÈFLE

(Apion).

Le trèfle cultivé est attaqué sur pied, dans les champs, par une larve de la famille des Charançons.

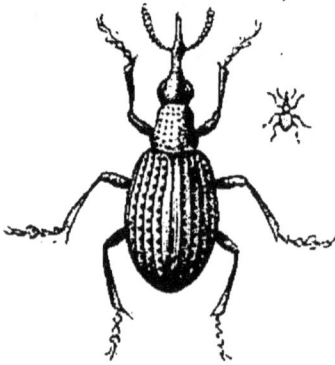

Charançon du trèfle, grossi et de grandeur naturelle.

Cet insecte appartient au genre *Apion*, créé par Herbert et renfermant actuellement plus de deux cents espèces, presque toutes d'Europe et très petites. Il a été observé pour la première fois, en Angleterre, par William Marckwick. Cet agriculteur remarqua que les capitules du trèfle commun, d'un champ qu'il destinait à produire de la semence, contenaient de petits vers blancs ; il mit quelques-unes de ces têtes de fleurs dans une boîte et obtint bientôt un petit Charançon.

La maturité hâtive et partielle des fleurs est ordinairement un signe caractéristique de la présence de la larve du Charançon dont il s'agit.

En effet, si vous écartez ou si vous arrachez avec précaution quelques-unes de ces fleurs desséchées, vous apercevrez vers le sommet du calice, c'est-à-dire près de son point d'insertion à la tige, une petite tache noirâtre ou un petit trou, comme celui que ferait une épingle fine ; et en exerçant une compression très légère sur le calice, vous verrez sortir par ce petit trou une larve blanche, molle, roulée sur elle-même, ayant de 1 à 2 millimètres de longueur.

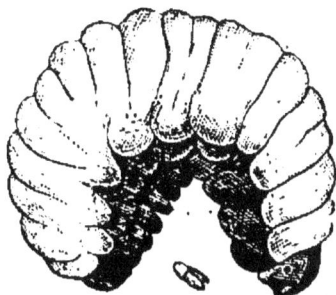

Larve de l'Apion, grossie et de grandeur naturelle.

Lorsque cette larve est arrivée au terme de sa croissance, elle forme, au dehors du trou qu'elle a pratiqué dans le calice, une saillie globulaire blanche, de 1 millimètre au plus de diamètre, qu'on pourrait prendre, au premier abord, pour un grain de poussière ou de plâtre.

Ce petit Charançon, dans l'année 1800, avait réduit la récolte de graines de trèfle à la moitié de sa valeur ordinaire.

Fleuron du trèfle percé par la larve de l'Apion.

Depuis cette époque, personne n'avait observé les métamorphoses de cet insecte, et la science ne possédait que les notions incomplètes et les mauvaises figures données par les naturalistes anglais, quand M. Herpin, à qui l'on doit tant d'observations judicieuses et utiles, a étudié de nouveau ce Charançon. Il l'a vu s'établir dans les fleurs de trèfle et puis percer le calice et les enveloppes de la jeune graine, en ronger et en détruire la substance intérieure au fur et à mesure de la fructification.

Si vous pénétrez, dit M. Herpin, dans un champ de

trèfle lorsqu'il est en pleine fleur, vous remarquerez facilement un assez grand nombre de têtes, dont les corolles brunies et desséchées, les calices noirâtres annoncent que la fleur est atteinte par la larve du Charançon qui est bientôt transformée en nymphe. D'après Guérin-Méneville, cette larve est épaisse, arquée et offre un peu la forme du ver blanc du Hanneton. Sa tête est rougeâtre, de consistance un peu cornée, armée de deux fortes mandibules. Les trois premiers anneaux de son corps sont munis, en dessous, de tubercules saillants qui remplacent les pattes; les autres sont lisses, mamelonnés sur les côtés, en dessous.

M. Guérin-Méneville prétend que cette larve se tient à la base du calice des fleurons des capitules du trèfle; quand elle est arrivée à tout son accroissement, ou quand elle a rongé entièrement la graine qui se trouve à cet endroit, c'est alors qu'elle perce le trou dont nous avons parlé pour sortir du calice et se métamorphoser en nymphe entre les divers fleurons de la tête de fleurs du trèfle.

La nymphe est à peu près de la grosseur de la larve, blanche comme elle, assez molle. Sa tête, ses pattes, ses ailes et élytres sont repliées sur les côtés et en dessous, mais on les reconnaît très bien. La tête, qui dans la larve était ronde et rougeâtre, est ici blanche comme le reste du corps.

Dix à douze jours après avoir rentré du trèfle dans son grenier, M. Herpin dit avoir vu une grande quantité d'Apions cheminer de tous côtés sur les murs du bâtiment et se diriger vers l'extérieur pendant huit à dix jours.

A la deuxième coupe de trèfle il chercha avec beaucoup d'attention et il s'aperçut à la fin que les têtes les plus mûres étaient à leur tour attaquées par le même insecte et que, finalement, cette deuxième coupe n'était pas moins maltraitée que ne l'avait été la première.

Cette coupe fut fauchée, séchée, rentrée au grenier comme de coutume, et après une douzaine de jours les petits Charançons commencèrent à éclore et à sortir du grenier; bientôt après, il en vit une très grande quantité qui descendaient le long des murs et se dirigeaient vers l'extérieur, comme cela s'était passé pour la première coupe.

D'où il faut conclure : 1° que dans l'intervalle de cinq à sept semaines environ, qui est nécessaire pour la croissance de la deuxième coupe de trèfle, la nymphe a eu le temps de se former; 2° que l'insecte parfait a pu s'accoupler, se transformer dans les champs et déposer ses œufs sur la plante ; 3° que ceux-ci ont pu se développer et que les larves qui en sont sorties ont eu le temps nécessaire pour arriver à leur entière croissance, et enfin pour détruire et dévorer les graines produites par la seconde floraison du trèfle.

M. Herpin n'a obtenu que deux coupes, mais il est probable que la troisième, si elle avait eu lieu, n'aurait pas été plus ménagée que ne l'ont été les deux premières. Le savant observateur fait encore remarquer que son trèfle avait été planté au printemps et qu'il était dans sa seconde année, c'est-à-dire qu'il avait été semé l'année précédente et qu'il n'avait pas encore été coupé. Il évalue à un dixième de la graine la perte causée chez lui en 1841 par le Charançon du trèfle.

Marsham assure, d'après le témoignage d'un fermier anglais qui lui fit connaître le Charançon du trèfle, qu'en 1800 la moitié des grains avait été dévorée par cet insecte.

PARASITES DE L'APION DU TRÈFLE.

Moyens de destruction. — Les ennemis naturels de l'Apion sont les Ichneumons qui, constamment occupés à la recherche de leurs victimes, sont dans une agitation continuelle. On les voit toujours voletant et plus souvent courant avec vivacité, agitant vivement leurs antennes et cherchant toujours l'endroit où elles déposeront leurs œufs.

Le premier de ces parasites appartient à la tribu des braconides et au genre *calyptus* de M. Haliday, genre formé avec quelques espèces retirées du genre *Eubazus* de M. Nées d'Essembeck ; c'est le *Calyptus macrocephalus* (*Eubazus macrocephalus*, Nées). Il est long de près de 3 millimètres, noir luisant, avec les ailes transparentes, un peu irisées, et la base des jambes jaunâtre ; la femelle est munie d'une tarière ou oviducte plus longue que son corps, qu'elle peut plonger au fond du calice des fleurons du trèfle et au moyen de laquelle elle va déposer un œuf dans le corps des larves de l'Apion.

L'autre parasite appartient au genre nombreux des *Pteromalus*. Celui qui nous occupe aujourd'hui a été décrit par M. Walker, sous le nom de *Pteromalus pione*. Il est d'un vert foncé avec les antennes noires ; ses ailes sont diaphanes, irisées ; ses pattes sont jaunes avec la base des cuisses noirâtre, et son abdomen est d'un vert bronzé à reflets pourpres. L'individu que nous avons représenté est un mâle ; dans la femelle l'abdomen est un peu plus allongé et terminé par un court oviducte ; les pattes sont jaunes avec la plus

grande partie des cuisses noire ; le milieu des jambes
et l'extrémité de chaque article des tarses sont de
cette même couleur. Ces petits insectes, à peine longs
de 2 millimètres, doivent s'introduire dans la fleur du
trèfle pour déposer leurs œufs dans le corps de l'Apion
ou dans sa larve.

En dehors de ces moyens naturels de destruction,
M. Herpin conseille de couper de bonne heure et de
faire manger en vert les pièces de trèfle qu'on recon-

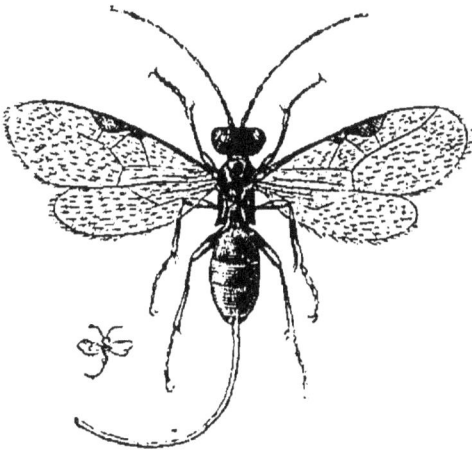

Calyptrus macrocephalus.   Pteromalus pionus.

Parasites de l'Apion du trèfle, grossis et de grandeur naturelle.

naît et qu'on soupçonne être fortement atteintes par
l'Apion, d'éviter soigneusement de laisser le trèfle
planté pendant plus de deux années consécutives sur
le même terrain, d'éviter aussi de laisser mûrir et
monter en graine le trèfle qui est fortement attaqué
par le Charançon, d'alterner et varier les cultures,
c'est-à-dire de faire succéder à une céréale des plantes
sarclées ou fourragères et *vice versa;* il en résulte que
les larves nuisibles déposées dans les champs, ne trouvant pas au moment de leur éclosion la nourriture qui

convient à leur organisation, ne peuvent subsister et périssent infailliblement.

Enfin on pourrait opérer la dessiccation du trèfle par la méthode allemande, c'est-à-dire par la fermentation, en faisant du foin brun. Les vapeurs alcooliques, les gaz délétères qui se forment pendant la fermentation du trèfle entassé tout vert, et aussi, d'après les expériences de M. Herpin, la température qui se développe dans la meule à plus de 60 degrés centigrades, suffisent pour détruire des milliers de larves d'Apion, qui ne peuvent résister à une aussi forte chaleur.

CHARANÇON DU COLZA

(Gripidius brassicæ).

Le Charançon du colza a été bien étudié par M. Focillon. Nous devons à ce savant professeur de zoologie un Mémoire important sur les insectes qui nuisent aux colzas, dans lequel il rapporte que, vers la première quinzaine de juillet, en visitant des champs de colza dont on faisait la récolte, il observa sur les siliques et sur les rameaux un très grand nombre de Charançons d'une même espèce, remarquables, au premier abord, par un bec très allongé, courbe et très fin. Ils se promenaient assez lentement sur les diverses parties de la plante, de préférence sur les siliques, et, selon l'habitude des insectes de cette famille, se laissaient tomber à terre dès qu'il agitait la plante ou qu'il les touchait. En suivant attentivement leurs manœuvres, il reconnut bientôt quel mal ils faisaient aux siliques. Il vit, en effet, l'animal s'arrêter sur une des protubérances correspondant aux graines, et plonger au milieu son bec effilé, l'y enfoncer jusqu'à la base et rester longtemps dans cette position. Après quoi l'animal, dégageant son organe perforant, allait chercher un autre point pour y recommencer son manège. Il prit une des siliques ainsi attaquées : à la place où venait d'opérer le Charançon, il distingua le trou très petit qu'il avait fait; c'est à peu près la grandeur d'un trou d'aiguille. Il enleva la portion de silique où il se trouvait, et, mettant ainsi la graine à nu, il aperçut un trou correspondant à celui qu il avait observé à l'extérieur, mais plus grand, à bords déchiquetés, évidemment rongés, et qui pénétrait jusqu'au centre de la graine où il se terminait en large

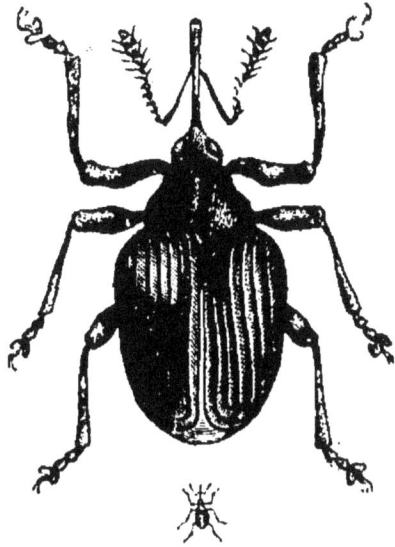

Charançon du colza, grossi et de grandeur naturelle.

cul-de-sac. Il renouvela nombre de fois cette observation, qui lui donna invariablement le même résultat. Restait à se préoccuper d'une double question : quelle est la fréquence de semblables dégâts ? par quel mécanisme organique l'animal peut-il le produire ?

Il rechercha immédiatement sur les siliques les

Coupe longitudinale d'une silique attaquée par un Charançon. On voit comment le bec pénètre à travers la silique jusqu'au centre de la graine.

traces du passage du Charançon ; plus tard même, dans une recherche plus minutieuse, il vit que, sur 20 siliques quelconques, 19 portaient les traces des

attaques du Charançon ; et ces attaques avaient été
nombreuses, puisqu'on voyait, sur ces 19 siliques,
40 perforations faites à diverses époques du développement des graines. Les perforations faites avant
la maturité de la graine sont d'autant plus préju-
diciables que le colza est plus jeune ; car alors, au
lieu d'y creuser seulement un trou qui n'en détruit
qu'une portion, le Charançon ronge complètement,
ou presque complètement, la jeune graine ; la silique ne se développe plus au niveau de ce grain
détruit, et présente extérieurement un étrangle-
ment qui la déforme plus ou moins et rend ses
dégâts assez facilement reconnaissables, au premier
abord. A l'intérieur, et partant de la paroi interne de
la silique, au niveau du trou visible extérieurement,
on aperçoit une excroissance irrégulièrement conique,
exsudation morbide des tissus blessés, au centre
de laquelle persiste le canal foré par le bec de l'insecte, et cette excroissance occupe en grande partie
le faible espace laissé vide par la graine détruite.
Quand ces déformations se présentent au nombre de
trois ou quatre sur la même silique, elle se contourne,
et son développement général se fait avec une extrême
irrégularité. Plus la graine a été attaquée à une
époque voisine de sa maturité, moins la déformation
est marquée ; enfin les graines mûres ne présentent
que les dégâts indiqués en premier lieu ; ce sont
d'ailleurs les moins nombreux. Sur les 40 piqûres
dont il a été question plus haut, 12 seulement avaient
été pratiquées sur des graines à maturité, et n'avaient
par conséquent pas entraîné la destruction du grain.

Ces observations donnèrent à M. Focillon la connaissance exacte du dégât produit par le Charançon ;
il voulut se rendre compte des moyens que cet insecte

avait à sa disposition et des procédés organiques qu'il employait. La tête de ce Charançon, globuleuse et munie de deux yeux réniformes, se prolonge antérieurement en un bec cylindrique, courbé en dessous et légèrement plus gros à son extrémité. Vers le milieu de sa longueur s'insèrent les antennes, géniculées, terminées par une massue de quatre articles portée sur un filet de sept articles, qui s'attache lui-même à un scape allongé et grêle, moitié moins long que le bec, et se cachant dans une rainure prolongée jusqu'à la base du bec au moment où l'animal plonge cet organe dans la silique. Mais l'extrémité de ce bec attira surtout son attention. Il y trouva la bouche de l'animal, et quoique cette extrémité ait à peu près un quart de millimètre de diamètre, le microscope lui montra un appareil corrodant bien constitué. Ce labre ou lèvre supérieure lui parut soudé au bec ; mais son bord libre courbé en biseau tranchant avance sur les parties de la bouche, de manière à attaquer, en premier lieu, la substance végétale et à fournir une sorte de point d'appui aux autres organes. En dessous de cette première pièce se trouvent les mandibules, dont la disposition est fort curieuse. Elles sont insérées sur le bord interne d'un prolongement latéral du bec, qui se renfle au point de cette insertion et se termine par une pointe aiguë, légèrement oblique en dedans. Cette pointe avance un peu sur le niveau de l'extrémité de la mandibule, se trouve ainsi presque sur celui du bord tranchant du labre et semble compléter avec lui une sorte d'emporte-pièce destiné à ébaucher le trou où doit s'enfoncer le bec de l'animal avec son appareil masticateur. La mandibule, articulée par un condyle très marqué, prolonge sa base en arrière et en dedans pour donner insertion à des tendons musculaires énergiques, qui, formant avec ceux insérés près du condyle un système adducteur et abducteur, impriment à l'organe des mouvements énergiques autour du pivot fourni par l'articulation. Le bord libre de la mandibule est hérissé de dents fortes et crochues ; enfin un fait qui a vivement excité l'attention de ce savant observateur, c'est l'existence, près de l'angle postérieur de ce bord libre, d'un prolongement flexible, incolore, transparent au microscope, allongé, légèrement conique, couvert de poils et dirigé d'avant en arrière dans le conduit œsophagien. Ce prolongement doit, par son insertion sur la mandibule, se mouvoir avec elle; remontant dans l'œsophage lors de l'abduction, descendant au contraire dans l'adduction, il exécute des mouvements de va-et-vient qui ont déterminé l'observateur à y voir un appareil de succion des liquides exprimés par le broiement de la substance des graines.

Les mâchoires que l'on trouve au-dessous des mandibules sont petites, presque complètement dissimulées sous ces organes, et présentent au bord interne une série de dents fines et crochues. On y reconnaît le palpe maxillaire très court et peu développé. Enfin la bouche est fermée en dessous par une languette ou lèvre inférieure petite, en forme de losange, et terminée antérieurement par les rudiments des deux palpes labiaux.

Cet animal ainsi armé se nourrit du parenchyme des graines et peut par conséquent produire un sérieux dommage, soit par celles qu'il détruit, soit par celles qu'il altère partiellement. On comprend surtout que ce dommage puisse devenir considérable, en songeant qu'un même animal peut ainsi attaquer successivement un grand nombre de graines, et multiplier en peu de temps ses ravages. Il est d'ailleurs pourvu d'ailes très bien développées qui rendent ces dégâts plus rapides et plus inévitables.

En étudiant les caractères zoologiques de ce curieux ennemi du colza, M. Focillon s'est convaincu qu'il rentre dans le grand genre *Rynchène* de Fabricius.

M. Focillon a également eu l'occasion d'observer la larve d'un coléoptère inconnu qu'il croit devoir jusqu'à plus amples informations attribuer au Charançon du colza.

Cette larve, que l'on peut provisoirement attribuer au Charançon, est d'un blanc légèrement jaunâtre sans la moindre trace de membres. On distingue derrière la tête, sur la face dorsale du corps, à droite et à gauche, deux petites plaques de nature cornée qui donnent intérieurement insertion à des muscles.

Comment cette larve pénètre-t-elle dans la gousse? c'est une question à résoudre encore. Elle se présente le plus souvent logée dans un grain dont elle fait sa pâture. Le développement de la larve coûte au plus quatre graines à la silique. Les autres ne paraissent pas en souffrir notablement et parviennent sans encombre à la maturité.

Les gousses attaquées, dit M. Focillon, sont aisément reconnaissables à une petite tache d'un brun noirâtre, qui se voit par transparence sur la face interne de la silique. C'est en ce point que la larve, quand le moment est venu de sortir, perce un trou de 1 millimètre de diamètre. Comme on ne la rencontre jamais, il est probable qu'elle se laisse tomber à terre et s'y enfonce pour y subir ses métamorphoses.

S'il n'y avait jamais qu'une larve dans la même silique, les dégâts resteraient encore assez bornés, mais il s'en trouve ordinairement plusieurs, et il suffit d'en supposer deux pour que la perte s'élève au tiers ou au quart.

Sur cent graines, cinquante dépérissent sous l'atteinte des insectes, ennemis reconnus de la graine de colza. Le Charançon en détruit 10; la chenille de la Teigne, 5; — c'est 9 qu'il faut compter pour la larve dont il est ici question.

CHARANÇON DES NAVETS

(*Ceutorhynchus sulcicollis*, Schœu).

On a souvent l'occasion de remarquer, lorsque l'on arrache des navets dans les champs, pendant l'été et l'automne, que la partie supérieure de la racine voisine du collet est couverte de tubercules plus ou moins gros ou saillants, d'une forme simple ou compliquée, ordinairement très irrégulière, qui donnent à cette racine une apparence galleuse. Si on ouvre ces excroissances avec un couteau, on voit que le centre est vide et forme une cellule qui contient un petit ver. Lorsque la galle est simple, elle ne contient qu'une cellule et une seule larve, mais lorsqu'elle est compliquée et formée de plusieurs galles voisines qui se sont pénétrées, elle renferme autant de cellules qu'il y a de galles et autant de larves qu'il y a de cellules, chacune vivant à part sans troubler ses voisines. Ces vers, qui se trouvent ordinairement en nombre considérable sur la même racine, l'altèrent profondément et en consomment une partie pour leur nourriture, et lorsqu'on veut en faire usage pour la cuisine, on est obligé d'enlever les tubercules, d'extraire les larves et de creuser les cellules pour les nettoyer et atteindre la substance vive, ce qui cause une perte notable.

La larve ayant atteint toute sa grandeur vers la fin de l'automne a 4 millimètres de longueur. M. Goureau, à qui nous devons cette description, dit que cette larve est blanche, presque cylindrique, couverte de rides transversales et privée de pattes; sa tête est ronde, en partie cachée dans le premier segment du corps, et armée de deux mâchoires; elle se tient courbée en cercle dans sa cellule et peut s'y tourner au moyen de petits mamelons qu'elle fait sortir de son dos et de ses côtés. Lorsqu'elle n'a plus besoin de manger, elle perce sa cellule et s'enfonce dans la terre, où elle se construit une coque sphérique avec des parcelles menues de terre qu'elle agglutine autour d'elle.

Charançon des navets, grossi et de grandeur naturelle.

Cette coque est très grossière à l'extérieur, mais elle est lisse et unie à l'intérieur. La larve y passe l'hiver et le printemps, et se change en nymphe dès les premiers jours du mois de juin, et en insecte parfait au commencement de juillet.

Quant à l'insecte, sa longueur est de 3 millimètres. Il est noir, couvert en dessus d'une pubescence d'un gris jaunâtre et en dessous de petites écailles grises; ses antennes sont coudées, noires, de douze articles, dont les trois derniers en massue; le rostre est long, filiforme, menu, arqué, appliqué contre la poitrine dans le repos; la tête et le corselet sont ponctués; ce dernier est plus étroit en devant qu'en arrière, arrondi sur les côtés et porte un sillon longitudinal sur le dos; les élytres sont ovalaires, plus larges à la base que le corselet, deux fois aussi longues, avec dix stries sur chacune, arrondies à l'extrémité; les cuisses sont renflées; les pattes postérieures sont armées d'une petite dent à leur extrémité; tout l'insecte est noir.

Aussitôt qu'il est sorti de terre et qu'il s'est mis en liberté, il se porte sur les navets, où il s'accouple. La femelle fécondée descend de la plante, se glisse pour faire sa ponte entre la terre et le haut de la racine; elle perce celle-ci avec son rostre et introduit un œuf dans la blessure; elle fait autant de piqûres qu'elle a d'œufs à déposer, les plaçant dans le voisinage les uns des autres, ou à quelque distance isolément. Il sort de chaque œuf une petite larve qui ronge autour d'elle et provoque un afflux de sève autour du point blessé, ce qui engendre une excroissance ou galle.

Le même insecte se porte sur les choux dont les racines sont très souvent difformes et chargées d'une multitude d'excroissances plus ou moins grosses amoncelées les unes sur les autres; mais comme il n'altère pas les feuilles que nous employons à notre usage, il nous cause moins de préjudice que lorsqu'il attaque les navets. Il envahit aussi les racines de la moutarde des champs (*sinapis arvensis*), appelée senve dans nos villages, et ne paraît pas nuire à cette mauvaise plante qui infeste les cultures.

Il n'est pas facile de se défaire d'un insecte aussi généralement répandu. On en diminuerait cependant le nombre si l'on avait soin de brûler toutes les racines de choux tuberculées, lorsqu'on arrache cette plante en automne, et de nettoyer de leurs larves les racines de navets que l'on arrache pour les conserver.

On connaît deux parasites du Charançon des navets. Tous les deux font partie de la tribu des Ichneumo-

niens et de la sous-tribu des Braconides, mais l'un
entre dans le genre *Sigalphus*, et l'autre dans le genre
Taphæus. Les femelles de ces insectes descendent des
choux jusqu'au collet de la racine, s'insinuent entre la
racine et la terre jusqu'aux galles, qu'elles percent avec
leur tarière, et parviennent à loger un œuf dans la
larve que renferme la galle. Cet œuf donne naissance
à une larve d'Ichneumonien qui dévore celle du Charançon, se change en chrysalide dans son habitation et
s'en échappe sous la forme d'insecte parfait après sa
dernière métamorphose. Le premier de ces parasites
est le *Sigalphus pallipes*.

Sigalphus pallipes. — La longueur de cet insecte est
de 3 millimètres. Il est noir ; les antennes sont noires et
de la longueur du corps ; la tête et le corselet sont noirs,
luisants ; l'abdomen tient au corselet par un pédicule
très court ; il est de la longueur et de la largeur de ce
dernier, ovalaire, formant une carapace divisée en
trois segments dont les deux premiers sont finement
striés en long, et le dernier presque lisse et arrondi au
bout ; les pattes sont rougeâtres, pâles ; les cuisses sont
tachées de brun en dessus ; l'extrémité des tibias postérieurs et leurs tarses sont noirs ; la tarière de la femelle est de la longueur de l'abdomen ; les ailes sont
hyalines, dépassant un peu l'extrémité de l'abdomen,
avec le stigmate noir et les nervures testacées.

Le deuxième parasite du Charançon *cou sillonné* est
le *Taphæus affinis*.

Taphæus affinis. — Cet insecte est noir, luisant ;
les antennes sont noires et de la longueur du corps qui
est de 3 millimètres, avec les deux premiers articles
roussâtres en dessous ; les mandibules sont roussâtres ; la tête est noire ; le corselet noir, luisant, ayant
les sutures bien marquées de la largeur de la tête ; l'ab-

domen est très courtement pédiculé, ovalaire, terminé en pointe obtuse, de la longueur et de la largeur du thorax, noir, luisant; les pattes sont d'un fauve jaunâtre, la tarière de la femelle est un peu plus longue que l'abdomen; les ailes sont hyalines, dépassant l'abdomen à stigmate noir et nervures brunes.

MOYENS DE DESTRUCTION

Joigneaux, après avoir indiqué comme ennemi du Charançon un petit Ichneumon du genre *Calyptus*, ajoute qu'en Angleterre Ch. Morren conseille, comme moyen à employer contre le Charançon, l'écrasement des nymphes par un roulage pesant, moyen très usité, dit-il, chez les Anglais. Il faut pour cela saisir l'époque où ces insectes sont sous la forme de nymphes, au mois de décembre ou janvier. La nymphe est molle et délicate, la plus légère pression peut la tuer; lorsque la larve est attachée aux racines, l'insecte parfait caché dans les feuilles de la plante échappe plus facilement aux moyens de destruction.

RHYNCHITES OU ATTELABES

(*Bêche, Lisette, Coupe-Bourgeon, Cunchi, Urbere, Ullibor, Velours-Vert, Gorgellion, Grimod*, etc.)

Le genre des Attelabes appartient à la famille des Rynchophores ou porte-bec; il est caractérisé par un labre peu apparent, par des palpes très petites et par des antennes insérées sur la trompe et dont les quatre derniers articles sont réunis en massue.

Les espèces de ce genre qui doivent nous occuper ici se rangent dans la division des Rhynchites, dont le museau ou la trompe est allongé et légèrement dilaté à l'extrémité, et dont le corselet est conique.

Trois espèces de Rhynchites sont nuisibles à la vigne : le *Rhynchite Bacchus*, le *Rhynchite du peuplier* et celui *du bouleau;* ces trois espèces se ressemblent beaucoup non seulement par les formes, mais encore par la couleur et par la taille; c'est pourquoi elles ont été confondues par les vignerons et les agriculteurs.

Au commencement de leur état d'insecte parfait, les Rhynchites n'occasionnent pas de dégâts bien sensibles, ils se contentent de ronger le parenchyme des feuilles sans les traverser, et il n'en résulte ordinairement que peu de mal; mais lorsqu'ils sont au moment d'effectuer leur ponte, comme ils déposent leurs

Rhynchite
Bacchus.

œufs sur les feuilles dont les jeunes larves doivent se nourrir, et que ces dernières, qui pénètrent dans le pédoncule de la feuille, ne sauraient vivre lorsque la sève circule activement, le Rhynchite femelle fait avec ses mandibules une entaille au pédoncule de la feuille, qui reste suspendue à la tige dont elle n'est jamais complètement détachée. L'insecte dépose alors ses œufs dans une feuille, qu'il contourne de chaque côté de façon à lui donner l'aspect d'un cigare: il ne pond ordinairement qu'un œuf sur chacune d'elles, et la petite larve qui en sort bientôt vit aux dépens de la feuille flétrie ou même desséchée.

Lorsqu'elle a acquis tout son développement, elle est longue d'environ 4 à 5 millimètres et entièrement apode, c'est-à-dire privée de pattes; sa tête est brune et le reste de son corps est blanchâtre; cette larve se métamorphose en nymphe à la place même où elle a

vécu; et quand l'insecte parfait éclôt, il pratique dans
sa feuille une petite ouverture arrondie par laquelle
il s'échappe.

Les Rhynchites, en coupant ainsi les pédicules des
feuilles, nuisent sensiblement aux vignes, car lorsque
ces insectes sont nombreux, les grappes se trouvent
dégarnies de feuilles; et le raisin, recevant trop directement l'action du soleil, se dessèche au lieu de mûrir.
En outre, la vigne ainsi effeuillée perd un moyen de
nutrition, et son développement se trouve en partie
arrêté.

L'Attelabe ou Rhynchite s'est montré sur beaucoup
de points de la France; dans l'Ain, la Côte-d'Or, dans
la Marne, dans les environs de Montpellier et dans
plusieurs autres départements méridionaux. Quoique
cet insecte soit répandu à peu près dans toutes les
vignes de la France, les dégâts qu'il y a occasionnés
ont toujours été plus visibles que graves.

Le *Rhynchite Bacchus* est un insecte long de 8 à 9
millimètres, il est plus ou moins verdâtre ou rougeâtre
et entièrement doré; tout son corps est légèrement
velouté, la tête est courte, le prothorax est globuleux
et criblé de points infinis; chez la femelle, il offre, de
chaque côté, une petite épine aiguë, dirigée en avant,
mais il en est tout à fait dépourvu chez le mâle. Les
élytres, légèrement pubescentes, sont criblées de gros
points enfoncés; les pattes sont de la couleur générale
du corps avec l'extrémité des jambes et les tarses plus
obscurs.

Ce petit coléoptère, connu aussi sous le nom d'Urebère, s'attache au jeune sarment, coupe les pétioles
des feuilles et les pédoncules des grappes.

Au mois de juin, il roule les feuilles en spirale et y
dépose ses œufs; quinze jours après, il sort de ces

œufs une larve blanche à tête jaune, qui disparaît dans la terre, où elle passe l'hiver.

Au mois de mars, cette larve passe à l'état de nymphe, au printemps elle se métamorphose en insecte qui attaque les jeunes sujets de préférence aux vieux ceps, et exerce souvent de grands dégâts dans les vignobles.

MOYENS DE DESTRUCTION.

La cueillette des feuilles chargées d'œufs est plus facile que lorsqu'il s'agit des pontes de la pyrale, car ces feuilles étant roulées en forme de cornet, il est très aisé de les enlever toutes, pour les brûler ensuite. On devra pratiquer cette opération dans le courant du mois de juin et à deux reprises différentes, à quelques jours d'intervalle, afin d'être plus sûr de ne laisser aucune ponte.

Les larves de l'Urebère étant, comme celles de l'Ecrivain, très sensibles au froid, on peut aussi, en donnant au mois de novembre un labour profond à la vigne, ramasser ces larves à la surface du sol où la gelée les fera périr.

L'Urebère attaque de préférence les vignes de *gamais* ou les ceps de plants gris, dont les feuilles sont plus tendres que celles du *pinot*.

Le Rynchite du bouleau, *Rynchites Betuleti*, nommé aussi fabricant de cornets, fabricant de sifflets, tourneur, mesure 5 à 6 millimètres de longueur; il est bleu, quelquefois vert doré, brillant et lisse; les élytres couvertes de fines ponctuations, mais sans rugosités.

Le mâle, plus petit que la femelle, est muni d'une épine thoracique dirigée en avant. Il paraît en mai-juin sur les hêtres, les peupliers, les saules, les bouleaux, les peupliers du Canada, les tilleuls, les poiriers, les cognassiers et la vigne.

La femelle coupe les pétioles ou queues des jeunes pousses, qui ne tardent pas à se flétrir, et elle les roule en cornet: dans chaque rouleau se trouvent quatre à six œufs. Bientôt ces rouleaux se dessèchent, restent suspendus à la plante morte, ou finissent par tomber à terre ; l'œuf éclot, la larve vit d'abord de la substance de la feuille, puis se change en nymphe dans la terre. Le moyen de s'en débarrasser, c'est de visiter souvent les vignes, d'enlever les cornets et de les brûler. M. A. Lesne a signalé dernièrement cet insecte comme faisant des ravages dans la Haute-Garonne.

OTIORHYNQUE DE LA VIGNE

(Otiorhynchus).

Le genre Otiorhynque se reconnaît à un corps ovalaire, dépourvu d'ailes sous les élytres, à un museau renflé et dilaté à l'extrémité ; à des antennes longues, ayant leur premier article très long, à un corselet convexe en dessus et arrondi latéralement, et à des cuisses renflées.

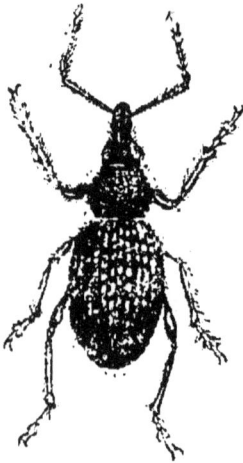

Otiorhynque sillonné.

L'Otiorhynque nuisible à la vigne est l'Otiorhynque sillonné, *Otiorhynchus sulcatus*.

Insecte noir avec des élytres sillonnées et crénelées offrant de petites taches formées par des poils très courts, d'un fauve roussâtre clair.

Cet insecte est long de 10 à 11 millimètres ; sa tête

présente deux petites carènes longitudinales, elle est ponctuée et revêtue de petits poils fauves.

Les antennes sont fauves avec une pubescence de la même couleur. Le corselet, ou prothorax, est gibbeux et couvert de petits tubercules arrondis très serrés qui le rendent tout granuleux ; les élytres ovalaires, qui présentent chacune onze stries longitudinales fortement crénelées, sont parsemées de petites taches fauves, formées par des poils très courts et très serrés ; les pattes sont entièrement noires avec les cuisses très renflées et une légère pubescence roussâtre à l'extrémité des jambes.

Cet insecte ronge les bourgeons dès qu'ils commencent à se développer. Heureusement on ne le voit jamais en grand nombre.

MOYENS DE DESTRUCTION.

On lui fait la chasse à la main avant qu'il se soit réfugié sous les feuilles.

Cet insecte se rencontre aussi dans les luzernes, dont il dévaste souvent des champs entiers.

BRUCHE DU POIS CHICHE

(*Bruchus*, Linné).

La Bruche est un coléoptère de la famille des Bruchides ; insecte voisin du Charançon, il ne se distingue guère que par le défaut de trompe. La croix blanche peinte sur ses élytres la fait aisément remarquer.

De l'œuf introduit par la femelle dans le jeune pois, sort une larve blanche, ovoïde, c'est-à-dire plus grosse

à une extrémité qu'à l'autre. Elle grandit peu à peu et
très lentement, et ne prend d'accroissement considérable qu'au moment où la graine est parvenue à toute
sa grosseur.

Quoique rongés en partie, les grains ne laissent pas
que de germer encore souvent, grâce à un heureux
instinct qui porte la Bruche à ménager
la future plante. Elle se garde au reste
également de toucher au placenta par
qui la sève est transmise et de se couper ainsi les vivres à elle-même.

Vient l'heure, comme pour tous les
coléoptères, de passer à l'état de nymphe. Par une sage prévoyance de l'impuissance où elle serait après sa transformation de conduire à bonne fin un
pareil travail, la larve ronge la pellicule extérieure du
pois, et si le pois n'est pas écossé, elle ronge également
l'épaisseur de la cosse devenue par la dessiccation
aussi dure que du parchemin. Si elle n'accomplissait
pas cette besogne avant de se changer en nymphe, la
race des Bruches cesserait d'exister. La Bruche, devenue insecte parfait, est incapable d'ouvrir la porte
de sa prison : elle y mourrait donc sans postérité,
si la larve n'avait eu soin de lui ménager les moyens
d'en sortir. Il est facile de le constater soi-même, en
collant sur l'ouverture un morceau de papier. Si l'on
ouvre le pois, on trouve la Bruche morte de faim,
faute d'avoir pu franchir cet obstacle, bien plus faible
pourtant que la peau du pois lui-même.

Il est essentiel de ne garder pour semence que les
grains intacts, si l'on veut être sûr d'une récolte
abondante. On reconnaît les pois attaqués en les jetant
dans l'eau ; ceux qui surnagent sont le plus souvent

Bruche du
pois chiche.

attaqués ; ceux qui vont au fond de l'eau sont ordinairement sains.

Il y a des années où les pois véreux sont très nombreux, où les deux tiers au moins de la récolte sont atteints, et dans ces années on ne peut douter que les personnes qui mangent des pois ne mangent aussi une quantité considérable de petits vers. Elles ne s'en aperçoivent pas, n'en éprouvent ni dégoût ni incommodité, parce qu'il n'y a rien de malsain dans ces insectes nourris d'une substance végétale très délicate.

BRUCHE DE LA LENTILLE

La lentille est aussi rongée par une espèce particulière de Bruche dont la larve consomme, pour arriver à toute sa taille, au moins la moitié et peut-être les trois quarts de la substance farineuse du grain. Elle reste dans son habitation pendant l'automne et l'hiver, et se transforme en insecte parfait au printemps suivant pour se répandre dans la campagne et pondre sur les jeunes pousses de lentilles, ayant soin de ne confier qu'un seul œuf à chaque semence.

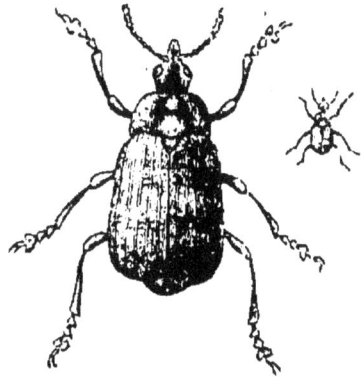

Bruche de la lentille, grossie et de grandeur naturelle.

Cet insecte se multiplie tellement dans certaines années, qu'on est obligé de suspendre pendant deux ou trois campagnes consécutives la culture de ce légume, afin de laisser périr cet insecte faute de nourriture. Il est extrêmement important de ne semer que des lentilles saines afin d'éviter cet inconvénient, et l'on devra s'assurer de leur qualité en les plongeant dans l'eau pendant un jour ou deux, ce qui permet de séparer les grains véreux de ceux qui sont sains. L'espèce qui s'attache à la lentille est le *Bruchus pallidicornis*.

Bruchus pallidicornis. — M. Goureau, à qui nous empruntons l'excellente description des Bruches, nous dit que la Bruche de la lentille est noire, tachetée de blanc ; antennes un peu plus grosses vers l'extrémité qu'à la base, ayant leurs cinq premiers articles jaunâtres ainsi que les deux derniers ; tête, corselet, élytres noirs, un peu noir devant l'écusson ; deux lignes de taches blanches transversales souvent peu marquées sur les élytres, qui laissent à découvert l'extrémité de l'abdomen ; cette extrémité couverte de duvet blanchâtre avec deux grandes taches noires ; jambes antérieures rougeâtres, les intermédiaires noires avec les extrémités des tibias fauves ; les postérieures noires à cuisses dentées. Sa longueur est de 3 millimètres sur 2 de large.

MOYENS DE DESTRUCTION.

Le moyen de combattre les Bruches et de les détruire en partie consiste à passer au four les pois, les fèves et les lentilles infestés aussitôt après la récolte, ce qui fera périr les larves qui s'y trouvent et même les insectes parfaits s'ils sont déjà transformés. On devra mettre à part celles de ces graines qu'on destine à la semence et on ne les passera pas au four, mais on les soumettra à l'épreuve de l'eau, comme on l'a dit. De cette manière on parviendra à détruire les Bruches de sa récolte, mais si les voisins ne prennent pas les mêmes

précautions, les insectes nés dans leurs jardins ou sur
leurs terres viendront bientôt chez vous et rendront
vos soins inutiles.

La Bruche de la lentille a un ennemi naturel qui
tend à modérer son excessive multiplication ; c'est un
petit parasite de l'ordre des Hyménoptères, de la famille des Pupivores, de la tribu des Chalcidites et du
genre *Pteromalus*, dont le nom est *Pteromalus varians.*
La femelle pond ses œufs dans les larves de la Bruche,
un dans chaque larve, ce qui ne l'empêche pas de
grandir malgré le ver qu'elle nourrit dans son corps,
mais elle ne peut subir ses transformations et se
trouve remplacée dans sa cellule par la nymphe de ce
parasite, qui sort de la graine à l'état parfait dans le
temps où aurait dû éclore la Bruche.

BRUCHE DE LA VESCE

On trouve cette Bruche toute formée dans les vesces
dès le 15 août, et c'est alors qu'elle commence à en
sortir pour se répandre dans la campagne. Elle doit
passer l'automne et l'hiver pour venir pondre au printemps sur les jeunes gousses des vesces, ce qui exige
que plusieurs femelles se cachent dans des abris, et
survivent aux rigueurs de la saison froide. Il est probable que des individus tardifs restent dans les semences pendant l'hiver et ne prennent leur essor qu'au
printemps, pour assurer la conservation de l'espèce.
On ne trouve qu'une seule larve dans le même grain,
dont elle consomme presque toute la substance farineuse pour sa nourriture et sa croissance. La larve
grandit assez rapidement, puisqu'elle accomplit toutes
ses évolutions, c'est-à-dire ses changements en nymphe

et en insecte parfait, dans l'espace de trois à quatre mois. La Bruche de la vesce se comporte à l'égard de cette graine comme la Bruche du pois à l'égard de ce légume. Toutes les Bruches ont les mêmes mœurs, et si l'on observe des différences entre elles, c'est dans l'époque de l'apparition de l'insecte, dans le temps de la ponte, qui est celui où la fleur tombe et la gousse commence à se montrer et dans le moment où la larve a acquis toute sa croissance, qui coïncide avec celui de la maturité de la semence.

L'espèce qui attaque la vesce a reçu le nom de *Bruchus nubilus*. Sa longueur est 4 millimètres 1/2. Il est noir, ovalaire; la tête est noire, penchée, rétrécie en arrière, les antennes sont formées de onze articles, les cinq premiers menus et fauves, les autres plus gros et noirs; le corselet est noir, convexe, arrondi sur les côtes, bisinué en arrière, couvert d'une pubescence caduque, avec une tache de poil blanchâtre devant l'écusson. Les élytres sont noirs, plus larges que le corselet, près de deux fois aussi longs; les angles sont arrondis, striés et marqués de taches de poils blanchâtres courts et serrés. Les pattes antérieures sont fauves avec la base des cuisses noirâtre, les autres sont noires avec les tibias et les tarses moyens fauves.

MOYENS DE DESTRUCTION.

Cet insecte ne fait aucun mal aux fourrages, car il n'attaque que les semences; en les faisant manger en vert on détruit une multitude de larves, et l'espèce ne se trouve plus que dans la partie de la prairie conservée pour graines. Lorsqu'on s'aperçoit que les semences sont attaquées, il faut immédiatement les passer au four, ce qui fait périr les larves et les insectes

parfaits qu'elles contiennent. Quant à la partie conservée pour la semence, on doit la passer à l'eau et ne
semer que les grains tombés au fond du vase; ceux
qui surnagent doivent être mis au four et donnés aux
volailles.

La Bruche de la vesce a un ennemi naturel qui s'op-
pose à sa trop grande multiplication et qui la fait mo-
mentanément disparaître lorsqu'elle est devenue par
trop abondante : c'est le *Pteromalus varians*, décrit à
l'article de la Bruche de la lentille.

HANNETON

(*Melolontha*).

Le Hanneton que tout le monde connaît est un coléoptère de la tribu des Scarabéiens, de cette tribu à
laquelle appartiennent les insectes les plus beaux et les
plus variés. Leur corps est gé-
néralement épais et ramassé.
Leurs antennes foliacées à l'extrémité les font reconnaître dès
le premier abord. Beaucoup
d'entre eux ont des mandibules
membraneuses soit en totalité,
soit en partie, et chez tous elles
sont fort petites. Ce caractère
est réellement en rapport avec

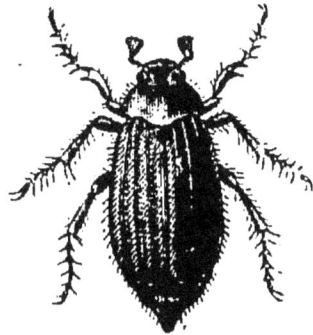

Le Hanneton.

les habitudes des Scarabéiens. Jamais ils n'ont à triturer de corps bien durs. Les uns vivent sur les fleurs,
les autres rongent les feuilles, et c'est chez ceux-là
qu'on trouve les mandibules les plus robustes.

Quoique les formes paraissent extrêmement variées
dans cette tribu, on est vraiment frappé de la similitude

qui existe entre toutes les larves, même lorsqu'on compare celles des familles les plus éloignées.

Les larves des Scarabéiens vivent ou dans la terre, et alors elles rongent les racines, ou bien dans les bois décomposés.

Les nymphes sont grosses et massives et retracent déjà parfaitement toutes les formes des insectes parfaits. La métamorphose s'effectue toujours au lieu même où ont vécu les larves, qui se forment une loge pour subir leur transformation.

On compte généralement que ces Coléoptères passent trois années à l'état de larve, tandis que leur état de nymphe est très court, ainsi que celui d'insecte parfait. Le Hanneton confirme cette loi; car il ne vit guère plus d'un mois à l'état d'insecte parfait.

C'est vers la fin de mai ou les premiers jours du mois de juin que l'accouplement a lieu. L'acte accompli, le mâle ne tarde pas à mourir.

Quant à la femelle, sa vie se prolonge encore quelques jours et elle se hâte de les mettre à profit pour s'assurer une postérité. Elle cherche les terres les plus légères et les mieux fumées pour y déposer sa progéniture; ce sont les terres où les végétaux abondent et qui sont le mieux perméables à l'air nécessaire à tout être vivant: la culture, les labours produisent ce résultat et attirent le Hanneton.

Dans les années où ces insectes sont très abondants, on peut, en effet, remarquer dans les bois que ce sont les arbres des lisières, comme les champs cultivés, qui sont dépouillés de leur feuillage et que le Hanneton n'est jamais dévastateur au centre des bois. La femelle fait si bien de ses mandibules et de ses fortes pattes de devant, qu'elle parvient à creuser un trou profond de 20 et même 30 centimètres. C'est au fond, dans un

cul-de-sac de forme arrondie, qu'elle pond une vingtaine d'œufs; le nombre peut même aller jusqu'à quarante et cinquante. Quatre, cinq ou six semaines après
la ponte, sortent des œufs ces larves connues sous le
nom de ver blanc, turc, man,,terre, engraisse-poule.

Les vers blancs sont d'assez grosses larves contournées en demi-cercles comme toutes les larves des Scarabéiens, seulement leurs pattes sont plus longues que
dans la plupart des espèces de cette tribu. Toute la
surface de leur corps est d'un blanc sale, pointillé.
Sur la partie médiane du corps, on aperçoit le vais-
seau dorsal, dont les mouvements se distinguent parfaitement sous la peau, qui est très transparente.

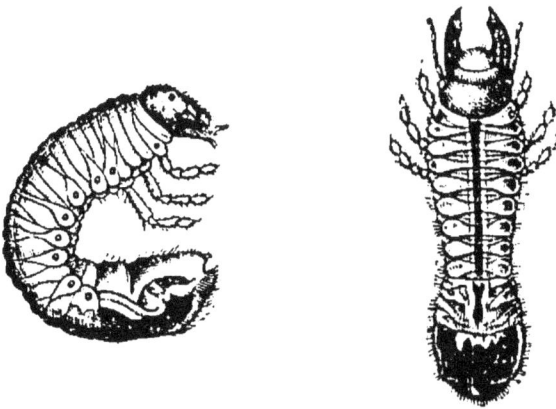

Larve du Hanneton.

La partie postérieure paraît noirâtre, ce qui est dù à
la coloration des matières renfermées dans les voies di-
gestives. Sur les parties latérales de chaque anneau, en
exceptant les deuxième et troisième ainsi que le dernier, on voit un stigmate, rendu très visible par le bord
corné qui l'entoure; sa couleur rouge tranche parfaitement sur la teinte générale blanchâtre de la larve. La
tête et les parties de la bouche ont une nuance rougeâtre, les mandibules seules sont noires à l'extrémité.

Ces jeunes larves, d'abord peu volumineuses, commencent à s'accroître pendant les six derniers mois de l'année et pendant les deux années suivantes tout entières. La première année, elles se nourrissent probablement des débris des végétaux décomposés que la terre renferme autour d'elles.

A l'entrée de l'hiver (elles sont encore toutes dans la cavité qui leur a servi de berceau) l'engourdissement les gagne, et elles ne se réveillent qu'au printemps de l'année suivante.

A ce moment la petite famille se sépare, chacun tire de son côté, s'ouvre une galerie qui monte obliquement, mais sans jamais arriver jusqu'à la surface extérieure. La larve s'arrête aux racines, elle dévore d'abord celles des céréales et des légumes, puis, lorsque les larves sont plus fortes, les racines de la vigne, des arbustes et des arbres. D'immenses pièces de gazon, de luzerne, d'avoine ou de blé jaunissent et meurent. Aussi, jadis, les foudres de l'excommunication furent lancées contre ces ennemis souterrains et contre les chenilles. Les mans, cause d'une famine, étaient cités en 1479 devant le tribunal ecclésiastique de Lausanne et défendus par un avocat de Fribourg, qui perdit son procès. Le tribunal, après mûre délibération, les bannit formellement du territoire.

Dès que le second hiver arrive, ne se sentant pas assez protégées contre le froid, les larves redescendent dans la terre et passent la mauvaise saison dans une sorte d'engourdissement qui les dispense de boire et de manger.

Au printemps suivant, réveil, nouvelle ascension et, en hiver, descente dans les couches inférieures, mais vers la fin de l'été de la seconde année qui a suivi la ponte, le ver blanc, parvenu à toute sa croissance, par

une sorte d'instinct de conservation, s'enfonce profondément à plus d'un demi-mètre, se façonne une loge
ovalaire dont les parois sont assujetties au moyen
d'une bave glutineuse sécrétée par l'animal, qui s'y
change en nymphe.

Dans cet état les élytres et les ailes couchées recouvrent les pattes et les antennes. Dès la fin d'octobre, la
plus grande partie des Hannetons sont devenus insectes
parfaits, mais sont encore d'un blanc jaunâtre et sans
force. Ils passent l'hiver dans leur loge, se durcissent
et se colorent vers la fin de février et remontent peu
à peu pour sortir de terre en mai.

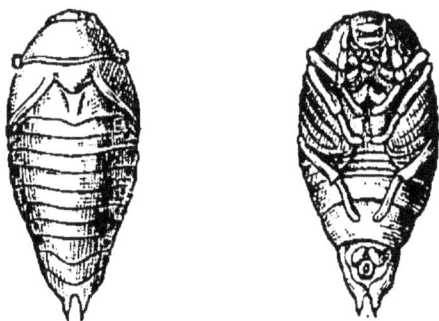

Nymphe du Hanneton.

La durée de la vie de la nymphe est d'environ six
semaines. L'insecte parfait éclôt ainsi au printemps,
trois années entières après sa naissance.

Voilà pourquoi il y a, tous les trois ans, une année à
Hannetons. Dans les années intermédiaires ils ne sont
jamais très abondants, et la même régularité dans les
apparitions s'observe constamment. On les voit quelquefois apparaître, quand la saison est chaude, dès la
fin d'avril, mais c'est toujours en mai qu'ils se montrent en grande quantité; on les trouve jusqu'en juin.
Ils se tiennent pendant tout le jour à la partie infé-

rieure des feuilles des arbres, sans doute pour se mettre à l'abri des rayons du soleil ; c'est seulement le matin de bonne heure, et surtout le soir au coucher du soleil, qu'ils prennent leur essor. Ils volent à ce moment avec rapidité, en faisant entendre un bruit monotone produit par le frottement de leurs ailes, ils se dirigent mal et s'en vont se cognant les uns contre les autres.

Le Hanneton, dont le corps est lourd, prend difficilement son essor. Aussi agite-t-il ses ailes pendant plusieurs minutes et gonfle-t-il son abdomen, de manière à faire pénétrer dans les stigmates la plus grande quantité d'air possible. Les enfants disent alors que le Hanneton compte ses écus, et ils répètent la chanson : *Hanneton, vole, vole, va-t'en à l'école.*

A l'état d'insecte parfait, les Hannetons sont nuisibles aux arbres dont ils rongent quelquefois toutes les feuilles, surtout quand un hiver doux et sec coïncide avec l'année de leur apparition.

En 1574, les Hannetons furent si abondants en Angleterre que leurs corps empêchèrent plusieurs moulins de tourner sur la Savern. En 1688, l'air en fut obscurci en Irlande. En 1841, dans les environs de Mâcon, des nuées de Hannetons franchirent la Saône dans la direction du sud-est et s'abattirent sur les vignes. Les rues en étaient jonchées, et à certaines heures, en passant sur le pont, il fallait faire des moulinets avec sa canne pour n'en être pas couvert.

MOYENS DE DESTRUCTION.

Les poules et les dindons sont très friands des larves de Hannetons. On peut, immédiatement après le labour d'une terre envahie par les larves, y conduire une bande de dindons; ils se feront une fête d'être invités à pareil repas.

Le poulailler roulant de M. Giot rend aussi des services incontestés au moment des labours.

Les corbeaux, les étourneaux, les grives, les merles, les rouges-gorges, les moineaux, et d'autres oiseaux encore ne les dédaignent pas non plus. Les porcs en détruisent aussi beaucoup.

Voici un exemple de l'immense quantité de vers blancs qu'un territoire peut quelquefois renfermer. Dans une pièce de terre de 29 ares, on a donné trois labours et fait 72 raies. Dans le premier labour, on a ramassé par raies 300 vers blancs ; dans le deuxième labour, 250 ; dans le troisième, 50, toujours par raie.

On a conseillé de semer dans les champs du colza très épais, puis lorsque, levé, il a 15 à 20 centimètres de hauteur, de l'enterrer par un labour profond. Le contact du colza pourri dans l'intérieur du sol fait périr les larves, et le colza en fruit vert produit l'effet d'une demi-fumure. On a encore conseillé d'arroser les champs avec de l'huile de houille, ou d'y répandre des cendres de bois.

Le ramassage des insectes parfaits est le grand moyen de destruction, c'est une nécessité qui s'impose quand les Hannetons sont en grande quantité.

Quoiqu'en 1835 on ait caricaturé Romieu, préfet de la Sarthe, qui rendit cette mesure obligatoire, il n'en est pas moins vrai que le conseil du département vota une somme de 20,000 francs pour détruire les Hannetons. Près de 60,000 décalitres de Hannetons furent remplis contre autant de primes de 30 centimes. Or, comme un décalitre en contient plus de 5,000, on détruisit environ 300,000,000 de Hannetons.

O' Heer rapporte qu'en 1807 on remplit en Suisse

plus de 17,000 mesures pouvant renfermer 9,000 Hannetons.

Voici un excellent procédé. Le soir, au crépuscule, on place dans le verger, ou dans tout lieu infesté, un vieux tonneau défoncé dont les douves sont, à l'intérieur, enduites de goudron liquide. Une veilleuse est allumée au fond du tonneau. Les insectes de toute espèce, attirés par la lueur, viennent voltiger autour de la veilleuse. En se frottant contre les parois du récipient, ils se tachent de goudron les pattes et les antennes, et ils tombent alors au fond du tonneau. Le matin, il n'y a qu'à ramasser les victimes. Un agriculteur de la Vienne a détruit ainsi, en vingt-quatre heures, jusqu'à 120 litres de Hannetons. On dit que ce procédé, très simple et peu coûteux, pourrait être utilisé pour la destruction du papillon de la *torre*, ou ver gris, qui cause tant de dégâts dans certains pays, particulièrement en Périgord, aux plantations de tabac.

On emploie également des miroirs de métal lumineux contre lesquels les Hannetons viennent se heurter et tombent dans un récipient.

L'attention des agriculteurs a été vivement appelée par un nouveau piège de ce genre exposé dans quelques solennités agricoles par M. Voitellier, à Mantes.

On a également conseillé, dans les forêts, pour préserver les jeunes plantations des larves de hannetons, de faire des binages pratiqués avec la houe à dents, de Jacquemin. Les bineurs trouvent les larves à 4 ou 5 centimètres.

Les cultivateurs pourraient également purger leurs champs des larves par deux extirpages, l'un droit, l'autre diagonal, appliqués par un temps sec sur les chaumes, à une profondeur de 4 à 6 centimètres.

Bien que la réussite soit assurée, les extirpages devront être recommencés au mois d'août (1).

PARASITES DES LARVES DE HANNETON.

En 1864 M. Bourgeois a signalé à la Société d'agriculture que beaucoup de vers blancs avaient, comme un ver solitaire lisse et blanc dans le corps, de 10 et 12 centimètres de longueur et de la grosseur d'une corde chanterelle de violon; souvent on leur voyait rendre ces vers, on en trouvait dans la terre séparément enroulés; quelques-uns avaient encore de la vie; la larve, après cette évacuation relativement considérable, était devenue très flasque, prenait une couleur jaunâtre et ne tardait pas à périr.

M. Guérin-Méneville a dit que ce parasite appartient au genre Filaire, dont beaucoup d'espèces vivent sur le corps des animaux. Le plus grand des filaires est le fameux ver de Médine, qui vit dans les muscles des jambes de l'homme.

Les insectes sont donc également sujets à porter et à nourrir de leur propre substance de pareils hôtes. L'étude n'a pu découvrir dans ces parasites aucune trace d'organes de reproduction. Il est probable qu'ils traversent seulement une période de leur existence dans le corps de l'animal. Quand ils ont quitté l'insecte qui leur a donné l'hospitalité momentanée; quand on les trouve dans la terre, sous les feuilles humides, sur le sol, ils sont déjà pourvus d'organes mâles et femelles. On pense qu'ils doivent pondre dans la terre et que les jeunes sujets provenant de ces œufs pénètrent dans les larves de ces Hannetons.

(1) *Guide pour la destruction du Hanneton vulgaire*, par Chéron.

Ceci n'est qu'une conjecture, et l'on ne sait, au reste, rien sur la manière dont ils se développent, une fois sortis du sein de la larve dont ils ont fait leur pâture.

EUCHLORE DE LA VIGNE

Insecte d'un beau vert métallique foncé, très ponctué. Les antennes et les parties de la bouche sont brunes, la tête et le prothorax sont criblés d'une ponctuation fine et très serrée; ce dernier offre une bordure latérale d'un jaune verdâtre qui se confond avec la couleur verte. L'écusson est arrondi et ponctué. Les élytres sont ponctués et présentent quelques côtes élevées, peu prononcées. Les pattes vertes à reflets cuivrés ont des poils et des épines brunâtres. Tout le dessous du corps est d'un vert cuivré.

Cet insecte est long de 15 à 20 millimètres.

La larve de l'Euchlore de la vigne ressemble beaucoup par sa couleur et par sa forme générale à celle du Hanneton; elle est seulement beaucoup plus petite.

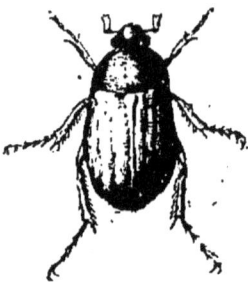

Euchlore de la vigne.

Cette larve vit aussi dans la terre et ronge la racine du cep. L'insecte parfait détruit les feuilles et en dépouille quelquefois des ceps entiers.

Les Euchlores sont bien rarement nombreux et leurs dégâts ont toujours été fort restreints. Il est facile de les recueillir et de les détruire à l'état parfait ; mais à l'état de larve leur genre de vie ne permet pas même de le tenter.

On cite encore l'Euchlore de juillet, *Euchlora julia,*

se trouvant quelquefois dans les vignes. Cette espèce ne diffère de la précédente que par sa taille un peu plus petite et par la nuance d'un jaune verdâtre de ses élytres.

ANISOPLIE

(*Anisoplia agricola*).

Au moment où les seigles et les froments sont en fleurs, on voit fréquemment accroché à l'épi un petit Hanneton semblable à celui des jardins. Il a 10 millimètres de longueur et 5 millimètres de largeur. La tête et le corselet sont d'un vert foncé avec un sillon au milieu. La tête est rétrécie en devant, formant un chaperon avancé à bord relevé ; antennes de neuf articles, noires, à massue de trois feuillets ; les yeux sont petits ; le thorax, plus large que la tête, légèrement rétréci en devant, à côtés arrondis et base sinuée ; élytres ovales, un peu courtes, larges, brillantes, d'une couleur ocreuse rouillée, couvertes d'une faible ponctuation et de sept stries indistinctes ; tache carrée noire autour de l'écusson ; épaules et bords externes irrégulièrement noirs ; une raie transversale, formée de taches réunies, plus ou moins brune ou ferrugineuse, indique des variétés. Les deux derniers segments de l'abdomen sont visibles, noirs, couverts de poils jaunâtres, ainsi que les côtés de l'abdomen ; pattes fortes, ponctuées avec une teinte verte.

Anisoplie des jardins.

Ce petit Hanneton est commun dans le midi de la France et se trouve isolément ou en groupes sur les épis, rongeant les grains tendres du seigle et ceux du blé qui, à ce qu'il paraît, sont plus de son goût.

Kollar rapporte qu'il a trouvé des épis dont le tiers des grains était détruit par cet insecte. Cet observateur ajoute qu'il ne sait pas si les larves attaquent les racines du blé ou si elles vivent dans le fumier. M. Goureau dit que cet insecte vit probablement dans la terre, comme ses congénères, en rongeant la racine des végétaux. Les corbeaux, les taupes et les mulots sont leurs ennemis naturels.

Dans les années où les Anisoplies sont en grand nombre, M. Joigneaux conseille, si la disposition des champs le permet, de faire marcher des enfants entre les sillons pour les prendre. On pourrait en détruire ainsi un très grand nombre dans une journée, mais comme ces insectes peuvent voler d'un champ à l'autre, il serait indispensable, pour que ce moyen eût du succès, que tous les fermiers d'un canton le pratiquassent ensemble.

Il existe une autre espèce, l'*Anisoplia austriaca*, répandue en Hongrie et surtout dans la Russie méridionale, qui attaque le blé. Dans cette dernière région, ce fut une véritable calamité en 1880 : dans le seul district de Bassembourg, l'Anisoplie avait détruit pour 700,000 francs de blé et les dégâts se sont étendus à dix-huit provinces.

L'établissement de nids artificiels pour les moineaux est le seul palliatif proposé.

TAUPIN

(Elater, Diacanthus latus. — Maréchal, Toque-Marleaux).

Le Taupin est un coléoptère de la tribu des Élatériens dont les insectes ont une texture non seulement

solide, mais souvent très dure : ils sont généralement
d'assez grande taille, rarement très petits. Les Élatérides, parmi lesquelles on range les Taupins, ont un
caractère particulier. Leur prosternum se prolonge
en arrière en une pointe comprimée, pouvant pénétrer dans une fossette située à la base du mésosternum, entre la base des pattes intermédiaires.

L'animal fait entrer à volonté cette pointe dans
cette cavité du mésosternum, et la fait ressortir au
moyen d'un effort brusque qui détermine
la projection du corps en l'air. C'est cette
particularité qui a valu aux Élatérides
les noms de Taupin maréchal. Ces coléoptères ont des pattes assez courtes
et un corps généralement allongé, conformation qui permet difficilement à l'insecte de se redresser lorsqu'il tombe

Taupin
maréchal.

sur le dos. C'est au moyen de sauts qu'il parvient à
se remettre sur ses pattes ; et quelquefois il est obligé
d'en exécuter plusieurs avant d'y réussir. Dans cet
exercice la tête et le corselet de l'insecte se redres-
sent d'abord lentement et tout d'une pièce ; puis,
comme par l'effet d'un ressort brusquement détendu,
la tête est violemment rejetée en arrière. L'insecte
fait un saut et retombe sur ses pattes.

Au mois de juillet surtout, on voit certaines espèces
sur les épis de blé ; mais on pense que ce sont spécialement les larves des Taupins qui sont nuisibles en
rongeant les racines du blé et la partie de la tige cachées dans la terre.

M. Goureau décrit ainsi les larves : elles sont cylindriques, allongées, luisantes, à peau écailleuse, de
couleur jaunâtre, formées de 12 segments sans compter la tête, qui est aplatie en forme de coin, armée de

deux mandibules et pourvues de deux petites antennes, de trois articles et de deux palpes de quatre articles. Elles ont six pattes thoraciques et un mamelon à
l'extrémité du corps, faisant l'office d'une septième
patte. L'anneau qui porte ce mamelon est plus long
que les autres et de forme conique. Ces larves ressemblent beaucoup, pour la forme, la couleur et la peau
écailleuse, à celles qui vivent dans la farine et qu'on
appelle vers de farine, lesquelles produisent le Téné-
brion meunier.

On pense que la femelle pond six œufs au pied des
jeunes plantes de blé, contre la racine, ou entre les
feuilles qui enveloppent cette jeune plante. Ces œufs
sont très petits, globuleux ou un peu ovales, d'un blanc
jaunâtre ; les petits vers qui en sortent croissent
très lentement et finissent par atteindre la longueur
de 18 à 25 millimètres. Ils passent cinq ans dans cet
état. Lorsqu'ils ont pris toute leur croissance, ils descendent dans le sol à une profondeur considérable et
construisent une cellule ovale avec des parcelles de
terre. Ils se dépouillent de leur peau et se changent en
chrysalide à la fin de juillet et au commencement
d'août. Cette chrysalide est étroite et allongée, molle,
d'un blanc jaunâtre et immobile. Plusieurs ont été
trouvées dans cet état, le 26 juillet 1841.

Les espèces que l'on voit le plus communément
dans les champs de blé sont au nombre de quatre.

TAUPIN CRACHEUR

(Elater (agriotes) sputator).

Le *Taupin cracheur* a de 7 à 8 millimètres de long ; il est
brillant, couleur de poix, recouvert d'une très courte

pubescence jaunâtre ; la tête, le thorax sont noirs, finement pointillés ; ce dernier est orbiculaire, convexe avec les angles postérieurs prolongés en une forte dent, quelquefois roussi, le dos est canaliculé, les élytres sont de la largeur du thorax, mais plus de deux fois aussi longues, elliptiques, couvertes, légèrement rugueuses avec neuf stries ponctuées sur chacune ; les antennes et les pattes sont rousses, les premières de la longueur du thorax et grêles.

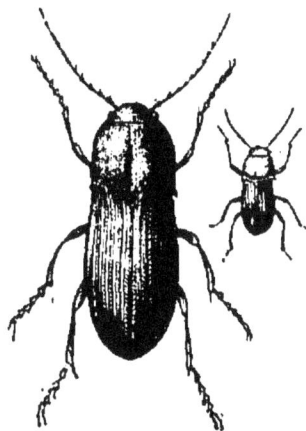

Cet insecte varie pour la couleur, ce qui a donné lieu d'en faire plusieurs espèces. Il a été nommé *Elater variabilis*, *Elater obscurus*. Il est très abondant partout depuis le commence-

Taupin cracheur, grossi et de grandeur naturelle.

ment de mai jusqu'à la fin de juin dans les haies, sur le gazon, dans les champs de blé.

TAUPIN OBSCUR

(Elater (agriotes) obscurus).

Lé *Taupin obscur*, nommé aussi *Elater variabilis* par Fabricius, et *Elater obscurus* par Greer, a 9 millimètres de longueur ; il est brun couleur de poix, couvert d'une épaisse pubescence jaunâtre, la tête et le corselet sont distinctement ponctués ; le second est aussi large que long, orbiculaire, très convexe, avec les angles postérieurs prolongés en forte épine et un sillon au milieu du dos ; l'écusson est ovale, les élytres sont de la largeur du thorax, presque trois fois aussi longues, elliptiques, convexes, coniques à l'extrémité, quand elles sont réunies, d'un brun rougeâtre, ponctuées, ayant chacune neuf stries ponctuées, quelquefois par paires ; les antennes sont un peu en massue, aussi longues que le thorax, d'un brun rougeâtre ainsi que les pattes.

La pubescence est quelquefois si épaisse qu'elle donne à certains individus une apparence brun foncé, tandis que d'autres paraissent noirâtres. Depuis avril jusqu'au milieu de l'été, ce Taupin est abondant dans les champs, les pâturages, les bois et les jardins.

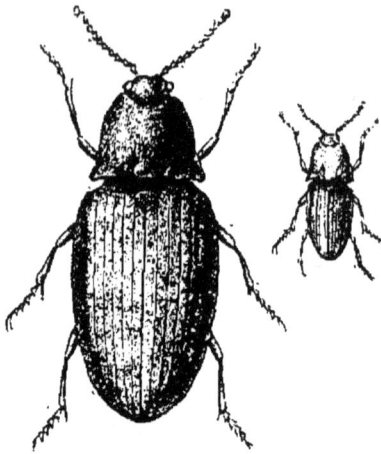

Taupin obscur, grossi et de grandeur naturelle.

TAUPIN A LIGNES

(Elater (agriotes) lineatus).

Le *Taupin à lignes* est appelé *Elater striatus*, par Pauzer ; *Elater segetis*, par Bierkander. On suppose qu'il est une simple variété de l'*Agriotes obscurus* dont les élytres sont rayées, les espaces entre les lignes étant alternativement obscurs et clairs, formant quatre lignes brunes et cinq lignes testacées.

Il est excessivement commun dans ses différents états et s'obtient facilement lorsque l'on veut récolter ces larves. M. Curtis en a trouvé abondamment sous les pierres en avril : le 25 mai il y en avait de rassemblés sur une renoncule jaune ; ils s'en nourrissaient ;

ils abondent aussi dans les haies et dans les champs de blé.

M. Émile Blanchard a décrit cet insecte sous le nom d'*Elater segetis*. Il est, dit-il, long de un centimètre et entièrement d'un fauve obscur, tant en dessus qu'en dessous ; sa tête est courte et très engagée dans le corselet ; ses élytres sont oblongues, assez convexes, ayant chacune neuf stries longitudinales assez profondes et fortement ponctuées ; les intervalles des stries sont alternativement lisses et garnies d'un fin duvet d'un gris jaunâtre, en sorte que les élytres, vues sans le secours de la loupe, semblent présenter une série de lignes longitudinales grisâtres, sur un fond plus obscur.

La larve est mince, presque cylindrique, entièrement d'un jaune uniforme, brillant, quelquefois brunâtre. La tête, de forme un peu carrée, présente, en dessus, deux sillons longitudinaux ; et, sur les côtés, antérieurement elle est munie d'antennes triarticulées, extrêmement courtes, etc. Les ravages de ces larves portent sur les racines du blé, du seigle, de l'orge. Ils sont parfois considérables et d'autant plus graves qu'on n'a pas de moyen d'action contre elles. Il serait essentiel, dit M. Blanchard, de savoir d'une manière précise le moment de la ponte et à quel endroit elle s'effectue (1).

On a observé que les larves deviennent plus redoutables dans les sols légers que dans les terres compactes, mais qu'elles poursuivent leurs dévastations au plus haut degré dans les champs drainés, chaulés et récemment défrichés.

En 1880 les larves de taupins détruisirent les blés des

(1) Voir l'excellent travail de M. Blanchard, *Bulletin des séances de la Société d'agriculture*, 2ᵉ série, t. III, p. 354 et suivantes.

environs de Rouen, surtout ceux du canton de Dar-
nétal. M. Maurice Girard a signalé en outre deux espèces, l'*Agriotes ustuilatus* et le *gallicus*, qui ont dévoré
les froments de la Marne.

Dans la grande culture, les taupes et les oiseaux
insectivores sont nos meilleurs auxiliaires comme
moyens de destruction. Les tourteaux de colza ont été
recommandés : on les brise en morceaux de la grosseur
d'une noisette et on les enterre. Il paraît que par ce
moyen employé trois années de suite on a réussi à
éloigner complètement les larves d'Élater.

TAUPIN HÉMORRHOÏDAL

(*Elater (athous) rufiarudis*).

Le *Taupin hémorrhoïdal*, *Elater sputator*, Oliv., *Elater
hæmorrhoïdalis*, Fab., *Elater analis*, Herbst, est long de
13 millimètres et large de
3 millimètres. Sa couleur est
d'un brun de poix brillant ;
il est couvert de longs poils
jaunâtres ; les antennes sont
brunes, aussi longues que le
thorax ; la tête et le corselet
sont noirs, finement ponctués ; la première est semi-
orbiculaire ; le chaperon est
tronqué et réfléchi ; le second
est plus long que large, un

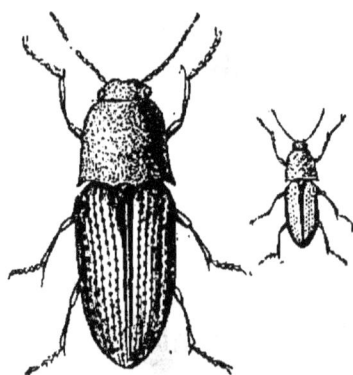

Taupin hémorrhoïdal, grossi
et de grandeur naturelle.

peu plus étroit aux angles antérieurs ; les angles
postérieurs sont prolongés en épines courtes, trangu-
aires, et le bord inférieur s'avance considérablement pour recevoir la tête ; l'écusson est noir ; les

élytres sont d'un rougeâtre brun, deux fois aussi longues que la tête et le thorax, plus larges que ce dernier ; elles sont finement pointillées avec neuf stries sur chacune ; l'abdomen est ferrugineux ; les pattes sont courtes et ferrugineuses, les tarses paraissent de quatre articles très pubescents en dessous.

Il est abondant depuis avril jusqu'au commencement de juin dans les champs de blé, sur les orties et dans les pâturages.

HYLASTE DU TRÈFLE

(Hylastes trifolii).

L'*Hylaste du trèfle* fait partie d'un groupe de coléoptères bien connus sous le nom de *Bostrichiens*, lesquels ont la plus grande analogie avec les ptinides, insectes très petits, la plupart d'une couleur grisâtre ou brunâtre, la tête très enfoncée dans le thorax ; ils contrefont le mort dès qu'on les inquiète et se laissent choir en contractant toutes leurs pattes. Leurs larves ressemblent à de petits vers.

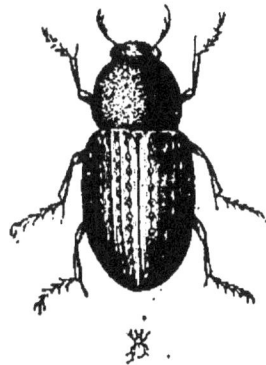

Hylaste du trèfle, grossi et de grandeur naturelle.

Les bostrichiens attaquent surtout les bois, mais l'Hylaste du trèfle fait exception, il vit dans les racines du trèfle commun, auquel il nuit parfois beaucoup lorsqu'il se multiplie outre mesure.

C'est un petit insecte long de 2 millimètres, cylindrique, brunâtre, avec antennes ayant leurs derniers articles très grands, aussi longs que le reste de l'antenne.

CARABE

(Jardinière. — Couturière. — Sergent. — Vinaigrier).

Les *Carabes* appartiennent à l'une des plus nombreuses tribus des coléoptères. Insectes à pattes longues et bien développées, toujours propres à la course, et à mâchoires munies de deux palpes. Les carabiens sont, en général, de forme oblongue et assez déprimée ; leur consistance, sans être aussi solide que chez beaucoup d'autres coléoptères, est encore très ferme.

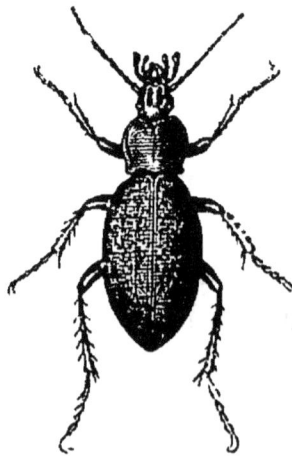

Type du Carabe.   Larve du Carabe doré.

Les carabiens se réfugient sous les pierres et sous les écorces ; mais souvent, pendant les beaux jours du printemps, on les voit courir dans les chemins ; quand on veut les saisir, ils vous lâchent dans les mains un liquide brunâtre.

Il y a une espèce qui est nuisible, c'est le Zabre bossu (*Zabrus gibbus*), décrit par Curtis.

ZABRE BOSSU OU CARABE BOSSU

(*Carabus gibbus*, Fab. — *Zabrus gibbus*).

Cet insecte, très. commun en Europe, est long de 12 à 15 millimètres, d'un brun noirâtre, plus clair en dessous qu'en dessus, ses élytres sont striées, ses antennes, ses tarses ferrugineux. Sa *larve* est de forme oblongue avec le dernier anneau terminé par deux pointes aiguës. Les entomologistes allemands assurent qu'elle vit pendant la nuit sur les jeunes pousses du blé auxquelles elle cause de grands dégâts, et que, pendant le jour, elle s'enfonce dans la terre.

A l'état parfait, l'insecte est d'un noir brun, luisant, ressemblant assez pour la forme et la couleur à l'espèce que produit le ver de farine, mais moins allongé, plus trapu. On le trouve fréquemment, surtout en automne, dans les sentiers qui traversent les champs de blé ou dans les fossés qui les bor-

Carabe bossu.

dent. M. Goureau a décrit cet insecte sous le nom de Carabe bossu. On l'appelle encore Carabe paresseux.

Quoiqu'il fasse partie de la famille des coléoptères carnassiers et que ses associés vivent de matières animales, sous leurs deux états de larve et d'insecte parfait, il fait exception à la règle générale et se nourrit de substances végétales, au moins pendant son premier âge, et pendant ce temps il cause du tort au blé dans les cultures.

La femelle pond ses œufs en une seule masse dans

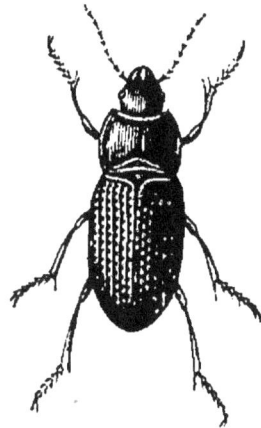

la terre ; les larves qu'ils produisent paraissent mettre trois ans à prendre toute leur croissance, car on en trouve qui ont atteint la moitié de leur taille et dans le même temps on rencontre des nymphes. Elles sont souvent accompagnées des larves du petit Hanneton ou Hanneton d'été. Elles sont d'une couleur brune sur les côtés et le dessous, blanchâtres, presque linéaires, atténuées à l'extrémité postérieure, un peu déprimées, légèrement velues et de la longueur de 25 millimètres. La tête est large, armée de deux fortes mâchoires, de palpes grêles et de deux jolies antennes de quatre articles, placées devant les yeux.

Les larves creusent dans la terre et font quelquefois un immense nombre de galeries verticales qui commencent souvent en ligne courbe et s'étendent de 5 à 30 centimètres de profondeur ; et dès qu'elles ont pris toute leur croissance, elles pratiquent à l'extrémité de leur galerie une cellule lisse en dedans, dans laquelle elles se transforment en nymphes molles, sensibles, d'un blanc jaunâtre avec deux yeux noirs. Elles restent dans cet état pendant trois ou quatre semaines seulement, car la larve qui s'est changée en nymphe au commencement de juin se transforme en insecte parfait à la fin de ce mois et au commencement de juillet.

Joigneaux donne les détails suivants sur ses habitudes : pendant le jour, elle se tient dans des trous de 15 centimètres environ de profondeur ; à l'approche de la nuit, elle en sort pour commettre ses déprédations. Au moyen de puissantes mandibules, elle fouille à la base de la plante. Si celle-ci est jeune, elle la coupe et l'attire dans son trou, d'autres fois elle ronge sur pied le dedans de la tige du blé près du sol et se nourrit de la moelle.

Lorsqu'elle est sur le point de se métamorphoser, elle s'enfonce en terre et y reste, comme nous venons de le dire, trois à quatre semaines. Vers le mois de juillet elle est insecte parfait et, dans cet état, le Zabre bossu est encore nuisible au blé. Le jour, il est caché sous les pierres, sous les mottes de terre, enfin sous tout ce qui peut lui servir d'abri, et ce n'est que le soir qu'il se met en mouvement. Il grimpe alors le long des chaumes et va dévorer le grain dans l'épi; comme il est d'assez grande taille, on conçoit quel dommage il peut causer aux récoltes, surtout lorsque, par exception heureusement, il se montre en grande quantité.

En 1776, il dévasta complètement toutes les campagnes de la haute Italie.

En 1812, les dégâts qu'il commit dans certaines localités de la Prusse furent tels que les cultivateurs s'en plaignirent hautement et s'adressèrent à l'autorité pour qu'elle prît des mesures contre cet ennemi commun.

En 1832 et 1833 on l'a vu en Bohême, en Hanovre et en Italie.

En 1842 il s'est montré en très grand nombre dans la Saxe.

Les campagnes des environs de Huy en Belgique eurent à souffrir du Zabre pendant les derniers mois de l'année 1858 et le printemps de l'année suivante.

Dans un rapport fait à l'une des sociétés agricoles du pays, on trouve que dans sept communes seulement, 114 hectares sur 457 ensemencés de seigle furent complètement rasés. Le seigle ne fut pas la seule plante attaquée; quelques pièces de froment eurent également à souffrir de la voracité des Zabres.

MOYENS DE DESTRUCTION.

Ils sont nombreux, sinon d'une efficacité parfaite. On recommande : 1° de faire connaître l'insecte parfait aux cultivateurs, aux maîtres d'école des villages et par ceux-ci aux enfants qui, pour une légère récompense, en détruiront une grande quantité ; 2° de ménager les oiseaux insectivores, notamment les corneilles, qui en consomment beaucoup. Les chouettes et l'engoulevent en détruisent également une certaine quantité.

Contre la larve, on a proposé de semer sur les terres, au printemps, des cendres de tourbe ou de chaux ; de retourner profondément la terre au commencement de l'automne et de choisir, pour faire cette opération, un jour de gelée légère ; par ce moyen, les oiseaux en détruiront un certain nombre ; de passer sur les terres infestées un rouleau étroit et très pesant ; ce moyen ne sera du reste efficace que s'il est pratiqué pendant la nuit, alors que les larves sont sorties de leurs retraites ; on en écrasera de la sorte une bonne partie. Les larves des Zabres, comme celles de tous les carabiens, sont très délicates et la moindre blessure les tue.

Les déchaumages et les labours, lorsqu'on a la précaution de faire suivre la charrue par des poules et des canards, rendent de bons services en pareil cas.

TROGOSITE MAURITANIQUE OU CADELLE

(*Trogosita.*)

On appelle Trogosite un insecte nuisible aux grains ; son nom a été formé de deux mots grecs qui signi-

fient : *Je racle le blé.* Il appartient à la famille des Coléoptères. Ce genre, créé par Olivier, pour y placer
des espèces que Linné rangeait avec les Tenebrio et
Geoffroy aver les Platycerus, était placé dans la famille
des Xylophages et renfermait une soixantaine d'espèces,
propres à l'Europe, à l'Afrique et à l'Amérique. Eri-
chson l'a placé dans la famille des Nitidulaires. Le

Trogosite ou Cadelle.   Larve du Trogosite.   Trogosite mauritanique.

Trogosite appartient à la tribu des Erotyliens, insectes
lisses et brillants dont les formes varient beaucoup ;
la plupart sont assez convexes. Les larves de ces Coléoptères sont blanchâtres et presque cylindriques.

Le trogosite mauritanique, comme les Erotyliens,
possède des tarses qui sont composés de quatre articles (tétramères) peu ou point dilatés. Palpes filiformes, corps déprimé long de 3 lignes.

Voici ses caractères distinctifs : antennes un peu
grenues, avec les trois derniers articles grands, un
peu en dents de scie, mandibules courtes.

La larve du Trogosite qui, dans le Midi, cause de
grands ravages au blé, est blanche avec la tête noire,
armée de deux mâchoires cornées, courbées et aiguës.
Elle attaque le grain à l'extérieur. Bien différente en
cela de l'Alucite et du Charançon, lorsque l'approche de

sa métamorphose la force à chercher un abri paisible
dans les crevasses des murs ou les fentes des plan-
chers, elle fait la guerre aux larves des autres ron-
geurs de blé qu'elle y rencontre. L'insecte parfait,
quoique habitant aussi les greniers, ne touche pas aux
grains et continue d'attaquer les larves des autres insectes nuisibles.

A la fin de juillet, cet insecte vient faire sa ponte
sur le grain ; on a remarqué que la larve, lorsqu'elle
quitte les monceaux de blé, se sert de ses deux crochets abdominaux pour se suspendre aux murailles,
aux plafonds, pour y faire la chasse.

Cet insecte, suivant certain auteur, nous serait
venu d'Algérie avec les blés de Barbarie. On peut
citer, à l'appui de cette opinion, qu'il est rare au centre de la France, où la rigueur du climat lui est contraire, de même que dans le Nord ; il disparaît presque
complètement quand l'hiver est un peu froid.

MOYENS DE DESTRUCTION.

On a conseillé des moyens plus ou moins difficiles et plus ou moins infructueux pour se mettre
à l'abri des dégâts de ces larves ; nous croyons devoir exposer les plus simples et sans doute les plus
utiles. Le Trogosite, ou Cadelle, n'attaque pas le
blé renfermé dans des sacs dès qu'il est battu. Il est
prouvé aussi que le blé vanné dans le mois d'octobre
et de novembre est bien moins endommagé, sans
doute parce que les insectes nouvellement nés se
détachent et tombent du grain, par le mouvement
et les secousses du van. On pourrait s'en garantir
encore plus aisément en soumettant le blé à un la-
vage vers le commencement de l'hiver. En choisissant

un courant peu rapide, le grain se précipite et l'eau emporte les œufs ou les insectes déjà éclos.

Le meilleur moyen de garantir le blé de la Cadelle dans le grenier serait de bien crépir les murs et les voûtes, et de glacer le pavé.

Alors les larves ne trouvant plus où se réfugier, pour subir leurs métamorphoses, périraient comme elles font dans les bouteilles.

CHRYSOMÈLE

La Chrysomèle est un Coléoptère de la tribu des Chrysoméliens, c'est-à-dire de ces insectes phytophages, généralement petits, parés des plus vives couleurs, et qui, à l'état parfait, fréquentent les fleurs. Certaines espèces sont, pendant l'été, extrêmement communes sur toutes les plantes. Leurs larves sont pourvues de trois paires de pattes écailleuses, qui leur permettent de marcher ou au moins de se cramponner sur les feuilles; car leur

Chrysomèle du sarrasin grossie.

corps est parfois très renflé et très lourd. Les Chrysoméliens, pendant le premier état de leur vie, rongent les feuilles des arbres, ou les plantes, et leur nuisent beaucoup. Les larves se transforment en nymphes sur les plantes mêmes où elles ont vécu ou dans les endroits voisins, en se fixant par l'extrémité du corps.

Le groupe des Chrysomélites se distingue par la tête dégagée du corselet, le corps orbiculaire, la lèvre inférieure assez longue. Antennes ayant leurs divers articles presque aussi courts que les autres.

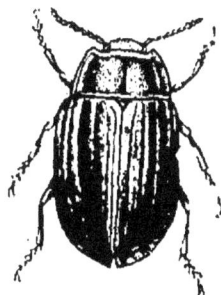

Ces insectes sont assez petits, les plus grands n'ont pas plus de 12 à 14 millimètres de longueur.

La Chrysomèle des céréales, qu'on rencontre quelquefois sur les genêts, vit le plus ordinairement sur les tiges, aux dépens desquelles elle se nourrit. Elle est d'un beau vert doré, avec trois bandes bleues sur le corselet et cinq sur les élytres, toutes dirigées longitudinalement. Elle est longue de quatre lignes.

La Chrysomèle du sarrasin est d'un bleu verdâtre avec les pattes rouges. La larve ravage les cultures de sarrasin.

Les larves de ces deux insectes sont oblongues, pourvues de petites pattes écailleuses. Un mamelon, situé à l'extrémité de l'abdomen, leur sert à s'aider dans leur marche et à se suspendre pour se transformer.

Comme celles du bouleau et du peuplier, ces Chrysomèles ont, à l'état parfait, les antennes insérées au-devant de la tête et écartées à la base, la tête droite un peu cachée sous le corselet.

CRIOCÈRE DE L'ORGE

Les Criocérites appartiennent à la tribu des Chrysoméliens ; ils sont caractérisés par une lèvre inférieure petite, courte, carrée, par des antennes assez grosses, moniliformes, un peu épaissies vers le bout.

Les larves offrent une particularité très curieuse : elles sont molles, pourvues de six pattes écailleuses ; leur ouverture anale est très relevée, en sorte que l'animal peut rejeter ses excréments sur son dos ; il s'en recouvre ainsi complètement, ce qui paraît avoir pour but de le protéger des rayons du soleil ; car il vit à découvert sur les plantes. Si l'on vient à faire tomber ces matières, la larve commence à manger avec une voracité inaccoutumée pour se couvrir de nouveau de cet abri protecteur.

C'est dans un intérêt purement spéculatif, afin d'épargner à l'agriculteur les soins d'une guerre inutile, que nous parlerons du Criocère de l'orge. Il peut s'effrayer en effet et craindre pour sa récolte à la vue de petites masses globuleuses un peu allongées, visqueuses ou sales qui recouvrent les feuilles d'orge et d'avoine vers la fin de mai ou dans le mois de juin ; ces petites masses luisantes sont des larves ovalaires d'une couleur rougeâtre très pâle, ayant une petite tête écailleuse et douze segments sur le corps et six pattes écailleuses attachées sous les trois premiers. L'anus, selon M. Goureau, serait placé en dessus entre le dernier et l'avant-dernier segment.

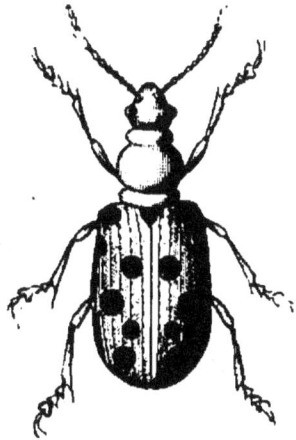

Criocère de l'orge, grossi et grandeur naturelle.

A la fin de juin, la larve a pris tout son accroissement. Elle quitte les feuilles et descend à terre, s'y enfonce à une petite profondeur et se construit une coque ovale avec des parcelles de terre liées par une salive visqueuse. Elle a même soin de tapisser l'intérieur de la chambre d'une couche de cette espèce de vernis-ciment, afin qu'il soit lisse et doux.

Elle subit dans cette retraite la transformation en nymphe d'abord, et en insecte parfait ensuite ; après

quoi elle brise sa prison et prend son essor au commencement d'août.

Le Criocère de l'orge a la tête noire, le corselet
rouge et les élytres bleues.

ALTISES

(Puces des jardins. — Tiquets.)

Les Altises sont encore des insectes de la tribu des
Chrysoméliens; on les reconnaît facilement à leurs
cuisses très renflées, qui leur permettent
d'exécuter des sauts très considérables.
Ces insectes sont petits, ornés de couleurs
brillantes. Les jardiniers leur donnent le
nom de Tiquets ou de puces des jardins.
Ce sont, en effet, des insectes qui, à l'état
de larves comme à celui d'insectes parfaits, vivent aux dépens des végétaux,
leur font beaucoup de tort parce qu'ils
se multiplient prodigieusement. Ils s'attaquent surtout aux crucifères, par conséquent aux choux, aux navets, aux colzas et aussi aux céréales. A ce titre, on
peut les ranger parmi les insectes qui peuvent nuire
à l'agriculture.

Altise à pieds noirs, grossie et grandeur naturelle.

Quoique ces insectes soient très nombreux, on ne
connaît guère leurs larves.

M. Curtis est le premier qui ait donné des détails
intéressants sur les diverses transformations de l'Altise des bois. Si le printemps est chaud, l'Altise s'accouple d'avril en septembre. Pendant cette période les
œufs sont déposés par la femelle sur le revers des
feuilles rugueuses des turneps. Elle pond vraisembla-

blement un œuf par jour, et dix paires pondent seulement quarante-trois œufs dans une semaine ; c'est ce
qui a lieu dans l'état de captivité ; mais l'exactitude
de cette estimation est établie sur ce fait que, sur
les feuilles prises dans les champs, contenant six larves, ces dernières étaient de
taille différente, indiquant une variété
d'âge. Les œufs sont très petits, lisses,
participant de la couleur de la feuille. Ils
éclosent au bout de dix jours et les petites larves commencent immédiatement
à manger sous la pellicule inférieure et à
former des galeries tournantes dont la
pulpe détachée les nourrit. Les galeries
sont assez visibles à l'œil nu lorsque les
larves les ont abandonnées et que les pellicules sont devenues blanches et décolo-

Altise des
bois, grossie
et grandeur
naturelle.

rées ; mais dans leur premier âge on les découvre
difficilement ; il faut regarder la feuille de très près
et l'exposer à la lumière pour les
apercevoir.

Les larves sont pâles ou d'une
couleur jaune doré, charnues,
cylindriques, avec six pattes pec-

Larve de l'Altise.

torales et un mamelon anal. La tête est pourvue de
deux mâchoires et de grands yeux bruns ; le premier et
le dernier segment portent des taches noirâtres. Elles
ont pris toute la nourriture dont elles ont besoin en six
jours environ, et alors elles sortent de leurs galeries
pour s'enterrer à la profondeur de 5 centimètres au
plus, choisissant un emplacement près de la racine
où les feuilles des turneps les protègent contre la sécheresse et l'humidité.

Elles se changent dans la terre en chrysalides im-

mobiles qui arrivent à leur maturité dans une quinzaine de jours, au bout desquels l'insecte parfait sort
de terre et prend son essor.

L'Altise des bois a une longueur de 1 millimètre et
demi à 2 millimètres. Elle est noire, finement pointil-
lée; la tête est petite, les yeux orbiculaires, proémi-
nents; les antennes sont filiformes, assez longues,
composées de onze articles; le thorax est plus large que
la tête, un peu rétréci en devant, arrondi sur les côtés;
les élytres sont ovales, deux fois aussi larges que le
thorax et quatre fois aussi longues; elles ont chacune
une bande jaune, quelquefois approchant du blanc
sur le milieu, très légèrement flexueuse; les ailes sont
deux fois aussi longues que le corps; les pattes sont
d'un jaune de rouille; les cuisses couleur de poix, les
dernières très épaisses et propres à sauter.

Ces Altises passent l'hiver engourdies; on en trouve
sous les écorces d'arbres soulevées, sous les feuilles
tombées et dans d'autres gîtes. Au retour du printemps, dès que la chaleur se fait sentir, elles sortent
de leurs retraites. On en voit dans les jardins sur les
navets et les choux, dès le commencement de mars.

Il y a une autre espèce d'Altise dont les habitudes
sont les mêmes que celles de l'*Altica nemorum*, qui
concourt avec cette dernière aux dégâts. Elle est
appelée *Altica concinna*, Marsh.

ALTISE DE LA JUSQUIAME

M. Focillon a également observé les Altises au point
de vue des dommages qu'elles peuvent causer aux
colzas. Ces observations ont porté d'abord sur l'Altise
de la jusquiame (*Altica hyoscyami*, Latreille).

Cette Altise ronge le parenchyme de la silique sans la perforer et en respectant la lame épidermique qui en constitue l'endocarpe ou membrane intérieure. L'épicarpe ou pellicule externe, et le tissu cellulaire vert qu'on nomme mésocarpe sont seuls intéressés ; quelquefois les siliques sont dé- formées par suite de ces lésions, mais souvent aussi la plaie séchée et d'un gris jaunâtre atteste seule le passage de l'Altise et le fruit paraît n'en avoir éprouvé aucun dommage important. On ne peut donc considérer cette Altise comme sérieusement nuisible aux colzas, d'autant plus que le nombre de ces animaux est assez restreint et qu'on a compté que sur vingt siliques trois seulement avaient souffert de leur passage.

Altise de la jusquiame, grossie et grandeur naturelle.

Altise femelle.   Altise mâle.

Parmi toutes les espèces con- nues d'Altises, nous décrirons spé- cialement celles qui nuisent parti- culièrement aux plantes cultivées par les agriculteurs. Les dégâts causés par ces insectes sont tous à peu près de la même nature ; ils portent essentiellement sur le parenchyme vert soit des siliques, soit des feuilles. La composition presque identique de leur appareil buccal est en rapport avec cette uniformité de mœurs.

Aussi croyons-nous utile, avant d'entrer dans l'étude des caractères spécifiques, de décrire cet appareil.

L'Altise de la jusquiame a la bouche composée d'un labre presque demi-circulaire avec une échan- crure médiane ; d'une paire de mandibules triangu- laires, fortes et terminées par quatre dents acérées.

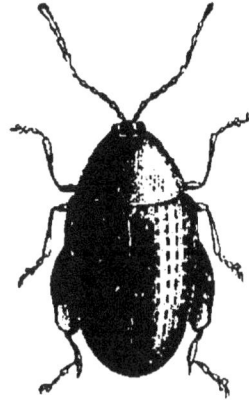

Près de l'angle interne de leur face inférieure, naît un organe pédiculé qui se renfle en un appendice ovale couvert de poils, d'un aspect analogue à celui que M. Focillon a vu dans le Charançon, quoique d'une forme toute différente. Les mâchoires sont médiocres, munies de leurs palpes et terminées par un double prolongement hérissé de dents fines et crochues. La languette est allongée, munie de deux palpes très courtes. L'appendice de la mandibule décrit par M. Focillon dans le Charançon du colza a été depuis observé par ce savant chez d'autres Coléoptères et surtout chez les Carabiques.

ALTISE DES CHOUX

(Altica (phyllotreta) brassicæ.)

L'Altise des choux a une longueur de 1 millimètre 1/4. Elle est raccourcie, convexe, d'un noir intense, couverte d'une ponctuation fine, serrée, deux petites lignes d'un testacé jaunâtre sur chaque élytre ; antennes noires avec les trois premiers articles testacés ; corselet plus court que large ; élytres plus larges que le corselet, très convexes, marquées de deux taches longitudinales, jaunâtres, l'une près de l'autre ; la première au milieu de la base, la deuxième près de l'extrémité en forme de coin ; pattes noires avec les tibias et les tarses d'un roux brunâtre.

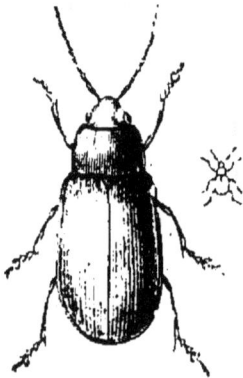

Altise du chou, grossie et grandeur naturelle.

Elle se trouve sur les choux dans les jardins.

C'est au commencement du printemps que l'Altise

se montre dans les jardins. Les femelles pondent alors leurs œufs sur les jeunes plants de choux. Les petites larves qui en sortent s'enfoncent dans le parenchyme de la feuille et y tracent de nombreuses galeries en rongeant sa substance.

Les points attaqués de la sorte se flétrissent, se dessèchent et se manifestent par des taches blanchâtres. Lorsque la larve a atteint sa taille définitive, c'est-à-dire 2 millimètres, elle se laisse tomber sur le sol et s'y enfonce à quelques pouces pour se métamorphoser. C'est là qu'elle passe l'hiver dans l'inaction, attendant le printemps.

MOYENS DE DESTRUCTION.

Les Altises étant très nuisibles dans les potagers et quelquefois dans les grandes cultures, on a cherché les moyens de les détruire ou de les éloigner; celui qui est le plus usité dans les jardins consiste à recouvrir d'une légère couche de cendre lessivée les semis de choux, de navets, de radis. Beaucoup de personnes attendent, pour faire cette opération, que les jeunes plantes commencent à pousser et que les Altises s'y montrent. On doit être très attentif, car il ne faut pas longtemps à ces insectes pour ronger les premières feuilles et faire périr les plantes.

On a recommandé d'arroser les plantes envahies par ces insectes avec un liquide formé d'un mélange de 1 kil. 250 gr. de savon noir, 1 kil. 250 gr. de soufre, 1 kil. de champignons de bois ou de couche et 60 litres d'eau. On met d'abord dans 30 litres d'eau le savon et les champignons concassés, on fait bouillir dans 30 litres d'eau le soufre renfermé dans un sachet de toile; on mélange les deux liquides qu'on laisse fermenter jusqu'à ce qu'il s'en dégage une odeur infecte ; puis on arrose avec cette eau.

M. Jules Rieffel écrivait en août 1883 au *Journal de l'Agriculture :*

« Dans ma longue lutte contre l'Altise, j'ai essayé tour à tour les cendres, la chaux, le soufre, même l'eau à grands frais, la suie. Celle-ci tue l'insecte et la plante avec. J'avais fini par m'en tenir aux cendres, avec des binages incessants et réitérés, je sauvais ainsi une grande partie de la récolte ; mais ce sont là des frais avec lesquels il faut compter.

« Cette année, j'ai entrepris l'emploi de l'engrais amiénois, avec application du système Goux. Il me semblait que je trouverais peut-être là quelque chance de réussite après tant de déceptions. Mon espérance a été couronnée d'un succès complet.

« J'ai semé de l'engrais amiénois, en même temps que des graines de choux et de rutabagas en pépinière. Il n'a pas paru un seul puceron ; on n'a pas trouvé une seule feuille piquée ; je pense que l'insecte meurt en naissant. La levée des plants était admirable pour moi qui cherchais ce résultat depuis plus de cinquante ans.

« On pourra donc désormais faire des semis de crucifères en toute sûreté, on sera assuré de rentrer une récolte bien complète. Ce sera la joie de milliers de cultivateurs, et une augmentation énorme de produits agricoles. Il y a toujours dans l'état actuel des choses beaucoup de cultivateurs qui, après avoir semé une ou deux fois sans succès, renoncent, et ce sont des produits perdus. Cela n'arrivera plus avec l'emploi de l'engrais amiénois qui tue l'Altise sans rémission. »

Une autre recette consiste à recouvrir les semis d'une légère couche de sciure de bois imprégnée de goudron de houille dans la proportion de 2 0/0 de goudron. Pour 100 kil. de sciure, on emploie 2 kil. de goudron de houille. On mélange le plus exactement possible et on répand la sciure sur les semis dans les jardins ou dans les champs infestés d'Altises. Ce procédé, employé en grand dans la culture de la betterave à sucre, a éloigné l'*Altica oleracea* qui vit sur les blés, les haricots, le lin, les luzernes et les trèfles.

ALTISE DE LA VIGNE

Audouin décrit comme insecte nuisible à la vigne l'Altise des potagers, *Altica oleracea*, un petit insecte long de 5 millimètres, entièrement d'un vert foncé ou bleuâtre, lisse et brillant, les antennes brunes avec leurs trois premiers articles verts : le prothorax offre assez près de sa base un sillon transversal, très prononcé ; l'écusson est petit, arrondi ; les élytres paraissent lisses, car leur ponctua-

Altise de la vigne.

tion est tellement fine qu'on ne la voit qu'à la loupe ; les pattes sont de la couleur générale du corps avec les taches bleuâtres.

Cet insecte qui cause de grands ravages en Algérie, a été dernièrement l'objet d'une étude intéressante de la part de M. H. Lecq ; il le décrit sous le nom d'*Altica ampelophaga*, et il dit que cet insecte ne diffère de l'*Altica oleracea* que par le genre d'alimentation.

Les antennes de l'Altise de la vigne sont brunes et mesurent plus de la moitié de la longueur du corps. Le prothorax offre près de la base un sillon transversal très prononcé et caractéristique.

C'est d'ordinaire dès le mois d'avril et surtout dans les premiers jours de mai, que les Altises connues sous le nom de Babo et de Pucerotte se montrent en grande quantité. En Algérie, c'est vers la fin de mars qu'elles se répandent dans les vignobles.

L'émigration est complète ordinairement à la fin d'avril.

L'époque de leur apparition varie du reste chaque année, suivant la précocité plus ou moins grande des chaleurs.

Quelques jours après leur installation dans les vignes, les Altises s'accouplent, et les femelles, dans l'espace d'un à deux jours, pondent à l'envers des feuilles près des nervures, une quarantaine d'œufs allongés, de couleur jaune. Huit jours après la ponte, il sort de ces œufs des larves qui commencent par être jaunes, deviennent ensuite grisâtres et enfin tout à fait noires après plusieurs mues successives. Leur corps est allongé et un peu atténué aux deux extrémités ; la tête est lisse ; les six pattes sont terminées en crochets ; les anneaux du corps, mous, légèrement plissés, portent chacun une série transversale de petits tubercules d'un noir brillant.

Pendant les sept premiers jours de sa naissance, la larve ronge la face inférieure des feuilles sans atteindre l'épiderme supérieur exposé au soleil ; ces points d'attaque, au bout de deux ou trois jours, sont marqués par une teinte jaunâtre visible sur le dessus de la feuille.

Au septième jour de sa naissance, la larve subit une première mue qui s'opère en vingt-quatre heures et après laquelle l'insecte se remet à manger pendant quatre jours.

Vers le douzième jour, nouvelle mue suivie d'un

repos de quatre jours. Après s'être abondamment
repue, la larve, qui a seize ou dix-huit jours d'existence,
descend le long de la tige dans le sol où elle s'enfonce
à 5 ou 6 centimètres de profondeur et même plus, d'a-
près M. Valery Mayet, qui a trouvé des nymphes à
10 centimètres sous terre dans une éducation qu'il fit
au laboratoire de l'École d'agriculture de Montpellier.

Dans le sol, la larve se forme une loge ovale où elle
accomplit sa transformation en nymphe. La nymphe
est blanchâtre les premiers jours ; bientôt elle brunit
dans la partie antérieure de son corps et, au bout
d'une semaine de réclusion environ, elle apparaît à
l'état d'insecte parfait. Un jour après, ses téguments
sont suffisamment raffermis, et l'Altise ailée quittant le
sol gagne la vigne dont elle continue dans cet état à
dévorer les feuilles jusqu'au moment où elle-même
donnera naissance à une nouvelle génération.

Un mois environ suffit à l'Altise pour opérer le cycle
de ses transformations. En Languedoc, M. Valery Mayet
a constaté jusqu'à cinq générations ; il estime qu'en
Algérie et en Espagne ce nombre doit être encore
dépassé.

En admettant le chiffre de cinq générations, on peut
démontrer par le calcul que la descendance d'un couple d'Altises peut s'élever, au moment de la vendange,
à plusieurs centaines de milliers d'individus. Sans
doute tous les œufs n'éclosent pas ; bien des larves
sont détruites par les parasites ou les influences
climatériques, mais il n'en est pas moins vrai que la
multiplication est énorme.

L'Altise, pour se déplacer, préfère sauter au lieu de
voler ; aussi trouve-t-on ces insectes aux abords des
refuges d'hiver en colonies nombreuses ; c'est pourquoi
aussi les Altises n'envahissent guère le vignoble tout

d'un coup et, que de deux vignobles contigus, l'un est parfois dévasté par le parasite, tandis que l'autre reste indemne.

Néanmoins, par les temps chauds, les Altises se servent de leurs ailes et, aidées par le vent, elles parcourent plusieurs kilomètres.

Pour une même année, l'apparition du parasite n'est pas partout simultanée. Dans les expositions chaudes, abritées contre les vents froids et violents, elle est plus hâtive que dans tel endroit où l'altitude et l'exposition ont pour effet de retarder le réveil de l'insecte et celui de la végétation.

On a cru observer que les printemps pluvieux favorisent la multiplication de l'Altise.

Dans les années 1881 et 1883, qui ont été marquées par des pluies abondantes au printemps, les vignes ont eu beaucoup à souffrir de l'Altise; il en fut de même en 1869 dont les mois de mars et d'avril ont été très pluvieux.

Ce qui paraît plus certain, c'est que les vents chauds du Sud ont la propriété de dessécher les œufs de l'Altise et de tuer les larves qui vivent sur les feuilles.

Le sirocco, souvent si malfaisant, aurait pour effet de débarrasser la vigne de son hôte dangereux comme de cet autre parasite, le Peronospora, dont l'invasion s'arrête par les vents chauds et secs du Midi.

Dans les vignobles exposés aux vents violents du Nord-Ouest et du Nord-Est sur le bord de la mer, l'Altise se multiplie moins facilement.

On s'est demandé s'il existe des cépages qui soient moins sujets que d'autres aux dégâts de l'Altise. On a cru remarquer que les plants dont la feuille est glabre par dessous, les plants à feuilles tendres, ainsi que les jeunes vignes sont préférées par le parasite; c'est ainsi que l'Alicante et l'Aramon paraissent être plus de son goût que les plants plus doux de l'Espar et de Morastel.

L'Altise semble se porter plutôt sur les cépages dont les feuilles sont lisses par dessous, sans doute parce que le duvet cotonneux qui se trouve sur les autres gêne la femelle pondant pour la fixation de ses œufs et protège le tissu de la feuille contre la morsure de la larve.

Quand les Altises se sont multipliées en grand nombre, que la nourriture devient rare, le pain bis remplace le blanc et tous les cépages sont alors indistinctement attaqués.

En 1883, les ravages de l'Altise en Algérie ont été considérables. Il y avait en octobre 1883 dans le département d'Alger 18,220 hectares de vigne dont 11,300 environ étaient en plein rapport. Si l'on admet que la moyenne générale des dommages causés par l'Altise a été dans le département du dixième de la récolte, chiffre assurément inférieur à la réalité, on voit que l'Altise prélève une dîme équivalente au produit de 1,300 hectares. En admettant un produit brut de 800 à l'hectare, chiffre bas, puisque le rendement moyen dans le département d'Alger a été de 40 hectolitres par hectare en plein rapport, c'est une perte de plus d'un million de francs pour le seul département d'Alger.

L'Altise a exercé autrefois ses ravages dans les vignobles qui avoisinent les Pyrénées et particulièrement près de Perpignan, en 1838. C'est en 1819 qu'on a observé pour la première fois cet insecte dans le département de l'Hérault.

MOYENS DE DESTRUCTION.

. Ce n'est qu'à l'état d'insecte parfait que nous pouvons espérer diminuer le nombre de ces ennemis de
nos vignobles, car la petitesse des larves rend l'échenillage impossible. Les pontes étant déposées à la face
inférieure des feuilles, on ne peut avoir recours à la
cueillette des œufs. La récolte des insectes parfaits
exécutée au moyen de l'entonnoir de fer-blanc réussit,
en ayant soin toutefois de faire cette chasse de grand
matin, car autrement les Altises ayant la faculté de
sauter, un grand nombre d'entre elles, excitées par
la chaleur du soleil, échapperaient à ceux qui les poursuivent.

M. Lecq conseille de rechercher en hiver les Altises
et de commencer la chasse aussitôt après la vendange. A l'automne, certains propriétaires font passer
les moutons dans leur vignoble. En mangeant les
feuilles, ces animaux détruisent les Altises.

Pour rendre la chasse d'hiver aussi fructueuse que
possible, le vigneron doit supprimer, dans son vignoble
et aux alentours, tout ce qui ne peut pas en quelque
sorte devenir un refuge pour l'Altise. Les chemins
doivent être nettoyés, les chiendents et les mauvaises
herbes arrachés, puis on doit disposer çà et là dans
les vignobles des petits tas de broussailles dans
lesquels l'Altise se réfugie pour passer l'hiver. En
janvier-février, on brûle ces abris artificiels en les
arrosant, si besoin est, d'un peu de pétrole. On se dé-
barrasse ainsi très aisément de légions innombrables
d'Altises.

On dispose également des tas de broussailles comme
pièges; les Altises se réfugient de préférence sur les

végétaux qui résistent à la pourriture. Brindilles d'o-
livier, fagots de sarments, de roseaux échancrés plantés
çà et là dans les vignes. Les Altises aiment aussi à se
réfugier sur les vignes vierges. Tous les refuges doivent
être brûlés.

Pour la chasse d'été, on se sert de l'entonnoir échancré
et armé d'un sac, qui sert de récipient pour les Altises.
Quand ce sac est plein, on le plonge pendant quelque
temps dans de l'eau bouillante pour tuer les insectes.
Un homme peut nettoyer ainsi 150 à 200 pieds par
heure. Ce travail doit être renouvelé chaque fois qu'on
constate une apparition d'Altises sur la vigne.

L'enlèvement des feuilles couvertes de larves constitue souvent un remède qui est pire que le mal, ou du
moins ne vaut guère mieux.

Quand l'invasion est considérable, le vigneron n'a
plus d'autre ressource que celle de se servir de certaines préparations capables de détruire le parasite,
tout au moins de l'incommoder à ce point, qu'il soit
obligé d'abandonner les plantes sur lesquelles il causait
des ravages.

Ces préparations ou substances doivent remplir
certaines conditions :

1° Elles doivent tuer l'insecte ou tout au moins le
forcer à déguerpir ;

2° Elles ne doivent pas altérer les tissus des plantes
à défendre ;

3° Elles ne doivent rien contenir qui soit toxique ou
seulement capable d'altérer la qualité de la récolte ;

4° Enfin, ces substances doivent être d'un bon
marché tel que leur emploi puisse être pratiqué en
grande culture.

La poudre de pyrèthre, qu'on obtient en pulvéri-
sant les sommités de pyrèthre du Caucase, est d'une

efficacité contestable pour la destruction de l'Altise, qu'elle ne fait guère qu'incommoder.

Parmi les insecticides plus ou moins efficaces on peut citer :

La chaux, le soufre, la suie, le sel, les cendres de bois, le sublimé corrosif, le naphte, la naphtaline, le bleu de potasse, le bleu de vitriol, les alcalis, la benzine, l'eau chaude, et les substances arsenicales.

L'arsenic peut être préparé dans la proportion de 3 grammes d'arséniate de soude et 12 grammes de dextrine, dissous dans 4 litres d'eau, et ce mélange délayé dans la proportion d'environ 30 grammes pour 40 litres d'eau.

On emploie avec succès dans la province d'Oran le mélange que voici :

Chaux en poudre.................	70 gr.
Soufre pulvérisé.................	20 »
Sulfate de fer pulvérisé..........	10 »
Acide phénique........	5 »
	105 gr.

Toute choses égales d'ailleurs, un insecticide est d'autant plus efficace que son état de division est plus grand et que sa répartition sur les feuilles attaquées est plus égale.

L'usage des insecticides pulvérulents exige des quantités considérables de produits.

Les liquides coûtent moins cher et permettent une diffusion plus grande.

Avec 5 ou 6 kilogr. de tabac par 100 litres d'eau, on obtient un liquide qui marque 4 ou 5 degrés Baumé et dont l'efficacité est absolue contre l'altise, sans altérer les pousses de la vigne. On projette le liquide le matin sur les ceps, soit avec un arrosoir, soit avec un pulvérisateur. En Algérie, la culture du tabac est libre ; par conséquent le procédé dont on vient de lire la description est d'une application facile. Des expériences multipliées pourront bientôt être faites.

CASSIDES

La dernière famille que nous ayons à décrire dans la tribu des Chrysoméliens est celle des Cassidides dont le corselet recouvre entièrement la tête et chez lesquelles la forme circulaire du corps domine manifestement, ce qui leur a valu autrefois le nom de Cycliques.

Au premier aspect, on remarque que les Cassides ressemblent à la tortue. Le corps tout entier, tête comprise, est enveloppé par le corselet et les élytres, qui forment dans leur réunion comme une espèce de carapace sous laquelle l'insecte se trouve abrité. C'est surtout en Amérique que les Cassides se trouvent en grande quantité. Elles diffèrent entre elles par la variété de leurs formes, par la vivacité et souvent par l'éclat métallique de leurs couleurs.

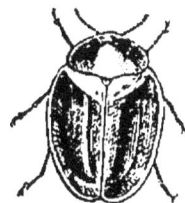

Casside.

On n'a guère observé en France que la Casside verte et la Casside nébuleuse.

Goureau rapporte que M. Bazin, propriétaire au Ménil-Saint-Firmin (Yonne), a découvert en 1846 un nombre considérable de larves fort remarquables de la Casside nébuleuse, vivant sur les feuilles de betterave rouge. Elles se tiennent sur le revers des feuilles qu'elles rongent en petits espaces ronds et qu'elles criblent de trous.

Ces larves sont, à ce qu'il paraît, d'un joli vert tacheté de blanc, et les côtés du corps sont armés d'épines barbelées. Elles sont ovales, déprimées ; elles ont une petite tête écailleuse, munie de deux dents, pourvue de trois petits yeux en ligne oblique comme de petits tubercules et de quatre autres plus élevés au-dessus ; chaque côté est garni de six épines aiguës en forme de scies. A l'extrémité du corps sont deux queues droites que l'animal couche sur son dos dans le repos, pour soutenir la peau chiffonnée de sa dernière mue et les excréments qu'il rend, se formant de la sorte un abri contre le soleil qui le garantit en même temps contre la piqûre des parasites ; mais ces queues se rabattent et s'étendent lorsqu'il marche ; les six pattes thoraciques dont il est pourvu sont cachées sous le thorax.

Lorsque les larves se changent en chrysalides, elles se fixent au revers de la feuille sur laquelle elles ont vécu, et se dépouillent de leur peau au bout de deux ou trois jours. Cette nymphe est plus remarquable que la larve. Elle est ovale, déprimée, avec le corselet en forme de large bouclier cachant la tête, ciliée sur les bords, portant deux taches blanches sur le dos ; les segments du corps sont découpés sur les côtés en dents de scie, et le dernier est épineux en forme de queue fourchue. Elle est d'un vert vif et luisant, avec les bords du thorax et de l'abdomen blanchâtres et deux raies jaunâtres sur le dos.

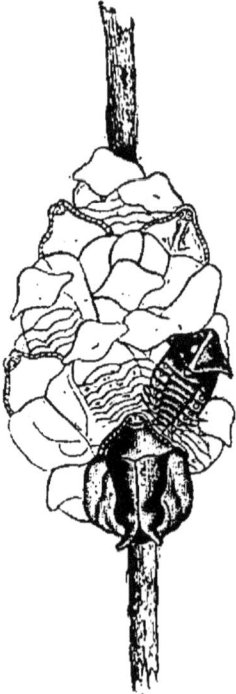

Groupe de Cassides à l'état de nymphes et à l'état d'insectes adultes (1).

(1) Émile Blanchard, *Histoire des insectes.*

En moins de quinze jours elle se transforme en insecte parfait.

M. Blanchard, qui a également observé les Cassides, convient qu'à l'état de larve comme à l'état d'insecte parfait elles dévorent les feuilles et les percent de nombreux trous plus ou moins arrondis ; mais il ne pense pas qu'elles puissent nuire d'une manière bien notable.

CASSIDE NÉBULEUSE

A sa naissance, la Casside nébuleuse est verte, mais elle devient graduellement couleur de tan en dessus, et noire en dessous ; sa forme est elliptique ; la tête, petite, est cachée sous un large corselet demi-circulaire qui est marqué de petites impressions et de deux taches à la base ; les antennes, insérées sur le devant de la tête, sont composées de onze articles légèrement épaissis et noirâtres à l'extrémité ; les élytres sont ovales, convexes avec un bord plat et cinq doubles lignes de points sur chacune ; elles sont parsemées de taches noires épaisses ; les ailes sont amples ; les pattes courtes, les tarses formés de quatre articles, avec une paire de crochets.

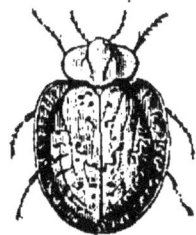

Casside nébuleuse, grossie et grandeur naturelle.

Les larves sont quelquefois victimes d'un petit parasite de la tribu des Chalcidites et du genre *Pteromalus*, dont le nom n'a pas été déterminé et qui se développe au nombre d'une trentaine d'individus dans une seule nymphe.

CHRYSOMÈLES DES LUZERNES

(*Colaspe, Négril, Barbotte.*)

Dans le Midi de la France et principalement au Sud-Ouest se rencontre un Chrysomèle très nuisible en certaines années aux trèfles et surtout aux luzernes.

Le mâle n'a que 3 millimètres de long, la femelle 4 millimètres 50 quand son ventre est gonflé d'œufs après la fécondation, car le Colaspe des luzernes, (*Colaspidema atrum* Oliv., *barbatum* Fabr.) répandu dans l'Afrique septentrionale et en Espagne, remonte parfois en France jusqu'à la Loire.

Dufour, le savant entomologiste, l'a signalé dès 1813. Dans le mois de mai de cette année, en parcourant la riche plaine de Saint-Philippe, dans le midi du royaume de Valence, il vit des luzernières fort étendues tellement dévastées par cette larve vorace, qu'il ne restait plus de la plante que la base des tiges et les pétioles dépourvus de folioles.

Le docteur N. Joly, de Toulouse, l'a très bien étudié en 1844.

A. de Gasparin l'a signalé en 1854 alors qu'il commettait ses ravages sur les luzernes de Vaucluse, à tel point de faire manquer la seconde coupe de luzerne ; il le signale comme un insecte entièrement noir avec les antennes filiformes plus longues que la moitié du corps qui a environ 6 à 7 millimètres de long ; ces antennes sont jaunes à leur base. M. Maurice Girard en a donné une description dans le journal *La Nature*. Il rapporte qu'en Espagne les paysans du royaume de Valence nomment sa larve *Cuc*, mot générique signi-

fiant ver ou chenille et qui est le même mot que Cou-
que, dont on se sert à Perpignan pour désigner un
ver ou même un insecte quelconque, soit la larve du
Colaspe des luzernes, soit l'Eumolpe de la vigne, soit la
petite chenille de la Pyrale.

L'insecte parfait est habituellement appelé Négril à
cause de sa couleur toute noire. Il se multiplie en
telle abondance dans certaines années que, sous les
attaques réunies des adultes et des larves, les feuilles
des luzernes sont toutes dévorées, et qu'il ne reste plus
que des tiges desséchées, impropres à nourrir les bestiaux et ne pouvant pas donner de regain. De loin les
prairies artificielles paraissent être noires.

C'est en mai que se montrent les adultes. C'est à ce
moment qu'a lieu la reproduction. Chaque femelle
pond, à plusieurs reprises, de deux cents à quatre
cents œufs, soit par paquets sur les feuilles, soit sur
le sol. Au bout d'une douzaine de jours, il en sort des
larves, très analogues de forme à celles de la Chrysomèle américaine, mais qui ne dépasseront pas le
maximum de 6 millimètres de longueur. D'abord jaunâtres, elles deviennent noires au bout de quelques
heures, et rongent les feuilles avec gloutonnerie, se
cramponnant par les pattes, et s'avançant en pliant leur
corps, un point d'appui étant pris sur le mamelon
gluant qui le termine. Leur instinct les pousse à des
migrations qu'on peut appeler lointaines, eu égard à
leur petitesse. Dès que le champ où elles étaient nées
ne peut plus suffire à leur nourriture, on les voit se
porter vers les luzernières du voisinage. On assure
même qu'elles savent découvrir les champs où la luzerne, semée depuis quelques jours, commence à
peine à laisser sortir de terre ses cotylédons. Les chemins qu'elles traversent pour y arriver semblent noirs

sous leurs nombreux bataillons, formés de milliards d'individus ; le blé le plus touffu, un mur élevé, une route couverte d'une épaisse couche de poussière, ne sont pas des obstacles en état de les arrêter ; dans ce dernier cas, les larves, couvertes d'une poudre blanche, ne sont plus visibles que par leurs mouvements. La seule barrière que ne puissent franchir ces larves est un fossé rempli d'eau.

Environ quatre jours après la sortie de l'œuf, elles changent de peau, et les autres mues se succèdent, à peu près à ce même intervalle, jusqu'au bout d'un mois sensiblement, à partir de la naissance. Pour quitter sa vieille peau, la larve se fixe par son mamelon qui l'aide à se suspendre. La peau se fend sur le dos, et la nouvelle larve sort de son suaire. A la fin de ce premier état, les larves quittant feuilles et tiges se creusent dans le sol de petites cavités. Au bout de quatre à huit jours, elles se changent en nymphes, de couleur orangée, montrant, repliées et emmaillottées sous une fine pellicule, les organes de l'adulte, gardant au bout des derniers anneaux de l'abdomen la peau de la larve en petit paquet chiffonné. Beaucoup de sujets périssent en devenant nymphes. Au bout de deux mois, vers la fin de septembre, les nymphes se métamorphosent en adultes, parfois à plus d'un mètre de profondeur, et ceux-ci gardent encore, comme la nymphe, la dernière peau de larve au bout de l'abdomen, passent l'hiver engourdis en terre, ainsi que les Doryphores des pommes de terre (genre actuel *Leptinotarsa* pour les plus récents auteurs), pour sortir à la chaleur du printemps et recommencer leurs dévastations.

On a dû se préoccuper des moyens de détruire cette Chrysomèle funeste. Quelques auteurs ont recommandé de conduire aux champs les poules, avides des larves et des adultes. Plus habituellement, on se sert de grandes poches de toile, attachées à un cercle de fer et fixées à un long manche, et on promène cette poche sur les luzernes, de façon à la remplir de Colaspes. Afin d'opérer plus rapidement, et de détruire beaucoup plus d'insectes pendant le même temps, un mécanicien de Claira (Pyrénées-Orientales), M. Badoua, a imaginé un appareil qui figurait à l'Exposition universelle de 1867 dans la lointaine annexe de Billancourt. Il est essentiellement formé d'une auge, montée sur deux roues légères et qu'on peut facilement pousser devant soi, à travers les luzernes ou les trèfles. Le pignon d'une des roues se relie, par une courroie de transmission, à l'axe d'une planchette ou vanne mobile, inclinée, qui tourne sur elle-même à mesure qu'avance la machine, et courbant les tiges de fourrage vert sans les briser, de façon à les secouer au-dessus de l'auge. Les petits chocs ainsi imprimés font tomber larves et adultes dans l'auge, surtout si on opère le matin, quand ils sont encore engourdis, sur les feuilles et sur les tiges, par la fraîcheur de la nuit. Quand l'auge est pleine, on retire les insectes à la pelle, on les enterre, ou bien on les échaude à l'eau bouillante, ou on les brûle avec de la paille ou des sarments.

M. J. Rouanet, chimiste à Clermont-l'Hérault, est l'inventeur d'un insecticide qui se compose surtout de naphtaline et d'ammoniaque en doses suffisantes pour provoquer la mort des Colaspes à l'état de larves. Il suffit de répandre la poudre à la volée sur la luzerne envahie pour voir mourir en quelques heures les larves asphyxiées. Cet insecticide a été employé par des cultivateurs qui ont témoigné de son succès.

Ajoutons encore, que, pour éviter que les Colaspes

qui restent après une première coupe ne viennent
entamer la seconde, il convient de laisser de distance
en distance, lors de la fauchaison, des bandes de luzernes de un mètre de largeur environ. Les insectes
s'en emparent, s'y groupent et, grâce à l'appareil dont
il vient d'être question, il est facile de s'en débarrasser
au bon moment.

Un dernier moyen, qui est le seul préservatif qui
paraît avoir bien réussi, c'est de devancer l'époque
de la première coupe de luzerne attaquée par le
Négril ; on coupe dès qu'on s'aperçoit que la plante
est envahie ; l'insecte ne touche jamais à la luzerne
fauchée et qui a déjà subi un commencement de dessiccation ; après 24 heures de jeûne, il périt sur place.
Beaucoup de propriétaires ont recours aujourd'hui à ce
moyen bien préférable à la chasse directe ; le fauchage
précoce fait mourir de faim presque toutes les larves.

COCCINELLE GLOBULEUSE

(Bêtes à bon Dieu.)

Les Coccinelliens présentent de grandes analogies
avec les Chrysoméliens, surtout si on les considère à
l'état de larve. Les Coccinelliens sont
cependant pour la plupart des insectes
carnassiers ; ils se nourrissent en général, dans tous leurs états, de Pucerons,
de Cochenilles et de Kermès. A ce point
de vue, ils rendent de grands services
à l'arboriculture et peuvent être con-

Coccinelle glo-
buleuse et sa
larve.

sidérés comme utiles. Ils dévorent des quantités innombrables de parasites. Mais tous les Coccinelliens
ne sont pas carnassiers, il en est beaucoup parmi eux

qui sont phytophages c'est-à-dire qui se nourrissent de plantes comme les Chrysoméliens. Parmi ces derniers, il faut ranger la Coccinelle globuleuse, qui vit de trèfle, de luzerne et de vesces.

La femelle pond au printemps sur les feuilles. Les jeunes larves, qui ne tardent pas à sortir des œufs, se répandent sur la plante et rongent le parenchyme des feuilles en y laissant des traces semblables à celles qu'y ferait un peigne rudement promené sur leur surface. Cette larve est longue de 5 à 6 millimètres, grisâtre, hérissée de poils rudes peu serrés. Quant à l'insecte parfait, il est hémisphérique, rougeâtre, avec quelques taches noires et légèrement velu, ce qui le distingue de la plus grande partie des Coccinelles, qui sont glabres.

EUMOLPE NOIR

(Eumolpus obscurus.)

Un autre Coléoptère de la famille des Chrysoméliens, fort redoutable pour le trèfle dans les provinces méridionales, est l'Eumolpe noir, espèce voisine de l'Eumolpe de la vigne, décrit par Audouin. Cet insecte est trapu de formes ; ses élytres sont carrées, plus larges que le corselet ; ses antennes sont longues, de couleur noire et d'un luisant tempéré par une fine pubescence grise.

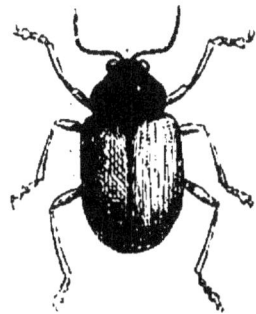

Eumolpe noir.

La larve, qui ressemble beaucoup à celle du Colaspis des luzernes, se comporte de la même manière à l'égard du trèfle. On peut la combattre par les mêmes procédés.

EUMOLPE DE LA VIGNE

(Eumolpus vitis. — Écrivain ou Gribouri de la vigne.)

En 1877 le ministre de l'agriculture a fait publier une instruction relative à l'Écrivain, ou Gribouri de la vigne. Une instruction a été rédigée par M. Heuzé, inspecteur général de l'agriculture.

La vigne, dit M. Heuzé, est attaquée par le Gribouri ou Écrivain ; cet insecte qu'on nomme encore *écrivin, escrippe-vin, grippe-vin, besin, diablotin, eumolpe de la vigne*, a causé souvent de grands ravages dans les vignobles de la Bourgogne, du Beaujolais, de la Champagne, de l'Ile-de-France, du bas Languedoc, etc. Il apparaît aussi, de temps à autre, dans les vignobles du Bordelais.

Comme le Phylloxéra, le Gribouri s'attaque aux jeunes racines de la vigne et la fait périr ; mais les dégâts qu'il cause sont toujours bien moins rapides que ceux occasionnés par ce terrible insecte microscopique.

L'écrivain est quelquefois confondu avec l'*Attelabe de la vigne*, que l'on désigne vulgairement sous les noms de *lisette, urbec, coupe-bourgeon, velours vert, rouleur* et *becmare*. Cet insecte est très commun dans le Bordelais. Il a 8 à 10 millimètres de longueur ; *la femelle est verdâtre, le mâle est bleuâtre*. Au mois de mai, époque à laquelle il apparaît dans les vignes, il pique le pétiole et les nervures d'une feuille ; alors celle-ci se flétrit et peut être enroulée par l'insecte en forme de cornet rappelant un cigare. C'est dans ce cornet que la femelle dépose ses œufs. L'Attelabe se laisse tomber au moindre choc. On le détruit en cueillant et brûlant toutes les *feuilles recoquillées en cornet*.

L'Attelabe appartient, comme l'Écrivain, à l'ordre des Coléoptères. Les uns rangent le Gribouri parmi les Eumolpes et les autres au nombre des Chrysomèles. Voici les caractères et les mœurs de l'Écrivain ou Gribouri et les moyens faciles de le détruire.

I. — Caractères et mœurs de l'écrivain ou gribouri.

L'*Écrivain* ou *Gribouri* est un très petit Coléoptère. C'est à bon droit qu'on l'a regardé comme un Hanneton en miniature. Il est très nuisible aux vignes.

A l'état d'insecte parfait, il a 6 millimètres environ de longueur. Sa tête est petite et en partie cachée dans le corselet ; ses antennes ont 3 millimètres environ de longueur et sont renflées à leur sommet ; son thorax est noir, finement ponctué et très bombé ; ses jambes sont rougeâtres et ses six pattes sont noires. Enfin ses ailes, ou élytres, sont pubescentes, plus longues que larges, rouge brun, marron ou rouge brique et quelquefois brun fauve.

C'est bien à tort qu'on dit encore que cet insecte est gris et que la femelle pique le raisin pour y déposer ses œufs.

L'écrivain à l'état d'insecte parfait est rustique ; il ne craint ni la chaleur ni la pluie. Il subit plusieurs transformations pendant le cours de son existence.

Ponte des femelles. — Quelques jours après l'accouplement, qui a lieu sur les pampres de la vigne, pendant la deuxième quinzaine de juin ou au commencement de juillet, la femelle descend vers le sol et dépose ses œufs à la base des ceps, presque au-dessous de leur collet.

Plusieurs viticulteurs croient encore que la femelle de l'écrivain dépose ses œufs sur les feuilles de la vigne. Cette opinion n'est pas exacte. L'Eumolpe descend toujours jusque dans la couche arable avant de commencer sa ponte.

Éclosion des œufs. — Les œufs éclosent du dixième au quinzième jour, selon la température. Les *larves sont très petites*; néanmoins, elles se dirigent souterrainement vers les jeunes racines ou radicelles pour vivre à leurs dépens en y opérant d'importantes *lésions* ou *déchirures*, ce qui amoindrit très sensiblement la vitalité de la vigne et souvent même la fait périr.

Larves. — Arrivées à leur plus grand développement, les larves ont de 6 à 7 millimètres de longueur et 3 millimètres de diamètre. Leur tête est arrondie, sillonnée et jaune brunâtre; leur *corps est blanchâtre*, garni de poils épars jaunâtres, composé de quatorze anneaux, et il porte six pieds. Leurs antennes sont très courtes.

Hivernage. — A l'automne, à la maturité des raisins, ou avant, ou au moment de la chute des feuilles, les *larves se réfugient dans les sillons qu'elles ont creusés longitudinalement sur les grosses et surtout sur les moyennes racines* à la fin de l'été. Elles restent alors dans une complète immobilité jusqu'au printemps suivant.

Réveil printanier. — Après avoir vécu sous terre pendant huit ou neuf mois, chaque larve se rapproche de la surface du sol, file un cocon dans lequel elle s'enveloppe et se métamorphose en nymphe, et ensuite en insecte parfait. Ces métamorphoses ont lieu depuis la fin d'avril jusqu'à la fin de mai ou au commencement de juin, suivant les contrées et la température du sol et de l'atmosphère.

C'est toujours *quand les bourgeons sont développés que l'Écrivain apparaît* à la surface du sol pour grimper le long des ceps, atteindre ensuite les jeunes pousses, ronger les feuilles et détruire en partie les nouvelles grappes. L'accouplement a lieu pendant le mois de juin.

Le Gribouri *saute plus qu'il ne vole.* C'est pourquoi un certain nombre de vignerons le désignent encore sous le nom de *diablotin.*

Existence estivale. — Les mâles et les femelles ne meurent pas toujours après l'accouplement et la ponte. Un assez grand nombre des uns et des autres continuent à résider sur les vignes. Alors, s'attaquant au parenchyme des grandes feuilles, ils y font dans tous les sens des *découpures irrégulières,* bizarres même, qui rappellent un peu les anciennes écritures. Ce sont ces *entailles allongées et étroites* qui les ont fait appeler *Écrivains.*

Les découpures faites dans les feuilles par l'Écrivain sont ordinairement droites; mais comme elles vont dans des directions diverses, il arrive souvent que, par leur réunion, elles forment des V, des A, des L, des I, des N, etc., lettres qui justifient bien le nom qu'on a donné depuis longtemps à cet insecte.

Outre ces lettres, ces insectes tracent en juillet sur les pédicelles des grappes et des raisins encore verts des lignes, des érosions qui arrêtent leur développement et qui sont cause que les pépins apparaissent souvent extérieurement. Les grappes qui ont été ainsi altérées arrivent bien rarement à parfaite maturité; elles restent petites et présentent des grains flétris ou durs et verdâtres. Ces grains, à la maturité des raisins qui n'ont pas été attaqués par le Gribouri, prennent, comme les pédicelles des grappes, une teinture noirâtre.

L'Écrivain à l'état parfait se laisse tomber à terre avec une grande facilité, si on le touche, ou si l'on se dirige vers lui. Alors il se contracte, rapproche ses pattes de son corps et *contrefait le mort*. A cause de sa petitesse et de sa couleur, il est difficile à trouver, parce qu'on le confond très aisément avec le sol, surtout lorsque la couche arable est brune ou calcaire rougeâtre, et aussi parce qu'il se cache très promptement en terre. — Le Gribouri disparaît vers la fin d'août ou au commencement de septembre.

II. — Moyens pratiques pour détruire l'écrivain.

Deux moyens sont à la disposition des viticulteurs pour détruire le Gribouri. Le premier concerne les insectes et le second les larves.

Destruction des insectes. — On ne connaît qu'un seul moyen efficace pour modérer les ravages causés par l'Écrivain à l'état parfait. Ce procédé est simple, facile et peu coûteux.

Il consiste à placer avec précaution sous un cep envahi par l'Écrivain un très large *vase en fer blanc ou en bois*, de forme variable, mais portant une sorte d'échancrure plus ou moins grande sur un point de son ouverture. Ce grand vase doit avoir 50 centimètres au moins de largeur et 25 à 30 centimètres de hauteur. L'échancrure s'applique contre le cep ou l'enveloppe en partie.

Quand l'appareil est ainsi placé, on agite brusquement les ramifications de la vigne; alors une partie des insectes tombe dans le vase. L'ouvrier qui opère doit faire le moins de bruit possible et marcher dans la direction du soleil; si son ombre arrivait sur le cep, il effraierait les insectes, et ceux-ci se laisseraient tomber sur le sol.

A défaut du vase, on peut se servir d'un large panier ou d'une grande corbeille garnie d'une toile intérieurement.

Après chaque opération, on verse les insectes dans un sac qu'on ferme aussitôt avec une ficelle.

Dans la basse Bourgogne, on se sert d'un *récipient* présentant au centre une ouverture sous laquelle est attaché un *petit sac en toile*. Cet appareil se compose d'un demi-cercle en bois auquel est fixée une toile un peu tendue, mais concave au centre.

Dans le bas Languedoc, on se sert d'*un grand entonnoir en fer-blanc*, portant aussi une échancrure à sa partie supérieure; au tube qui le termine est fixé un sac ou une pochette en toile.

On peut, dans le but de rendre l'opération plus facile, adapter trois pieds à cet appareil, pour qu'il repose facilement sur le sol en se maintenant dans une position horizontale.

Les Écrivains qui tombent dans le vase, l'appareil bourguignon, l'entonnoir, la corbeille ou le panier, sont détruits à l'aide de l'eau bouillante. Cette récolte des insectes doit être faite à diverses reprises pendant l'été. On ne peut songer un seul instant à détruire avec la main les larves, qui sont très petites et qui ont une existence souterraine. On ne peut pas non plus chercher à saisir les insectes parfaits pour les écraser, parce qu'ils sont peu apparents.

La chasse à l'insecte se fait avec l'un des appareils signalés précédemment, depuis le commencement de juin jusqu'à la fin d'août. On doit opérer de préférence le matin de bonne heure, lorsque les Écrivains sont comme engourdis.

Quand on craint de voir apparaître le Gribouri dans un vignoble, on doit, aussitôt que la vigne a *débourré*, examiner très attentivement de temps à autre les jeunes bourgeons et constater leur état. Si par cet examen on reconnaît que les jeunes feuilles et les grappes naissantes sont altérées ou en partie ravagées ou détruites, il faut chercher à constater la présence de très petites larves sur ces diverses parties de la vigne.

Dès qu'on a reconnu l'existence de *petites larves blanchâtres ayant une tête brunâtre*, on doit s'occuper de constater sur les feuilles la présence d'insectes à l'état parfait. Cette dernière recherche doit être faite très attentivement pendant les mois de juin et de juillet.

Quand on a reconnu que la vigne est envahie par le Gribouri, il faut le plus tôt possible s'occuper de sa destruction, en opérant comme il est indiqué plus haut.

On ne doit pas oublier qu'il est utile, quand on aperçoit dans un vignoble des grappes avortées, chétives ou brunâtres au moment des vendanges, d'examiner l'état des feuilles avant qu'elles tombent à terre. Si on voit alors sur les feuilles des découpures semblables à celles dont nous avons déjà parlé, on pourra en conclure, avec la certitude de ne pas se tromper, que l'avortement des grappes a pour cause la présence de l'Écrivain dans le vignoble.

Quand on constate de tels faits, on doit s'imposer le devoir de bien surveiller la marche de la végétation de la vigne vers la fin du printemps suivant. Par la guerre qu'on fait aux insectes parfaits, on arrête dans une large mesure et leur multiplication et leurs dégâts.

On a souvent reconnu que l'Écrivain vivait plusieurs années dans un terroir, et qu'il disparaissait ensuite, sans qu'on puisse en déterminer la cause, pendant une période plus ou moins longue.

Destruction des larves. — M. P. Thenard a obtenu dans la haute Bourgogne des résultats satisfaisants en appliquant en février ou mars au pied des ceps, quand on laboure les vignes, du *tourteau de moutarde.* Ce tourteau est préalablement humecté de 1 à 2 0/0 d'eau au plus, chauffé à une température maxima de 80 degrés et réduit ensuite en poudre.

On le répand autour des ceps et on pioche la terre aussitôt. Il faut éviter de le laisser longtemps à l'action des agents atmosphériques, afin qu'il conserve l'huile essentielle de moutarde, qui est très nuisible aux larves de l'Écrivain.

On renouvelle l'application de ce tourteau tous les trois ans. On le répand à la dose de 1,000 à 1,200 kilogrammes par hectare.

Ce procédé complémentaire du premier occasionne une dépense de 150 à 200 francs par hectare.

AIGUILLONIER. — SAPERDE

(*Agapanthia marginella.* — Genre Calamobie, Guérin-Méneville).

Pour la première fois, en 1845, M. Guérin-Méneville a observé aux environs de Barbézieux (Charente) un coléoptère du groupe des Saperdites, formant le sous-genre Calamobie et qui s'appelle *Agapanthia marginella* ou Calamobie de Méneville. La taille de l'insecte parfait varie de 10 à 12 millimètres. Son corps est cylindrique, pubescent ; ses antennes sétacées, frangées en desssous ; elles ont la longueur du corps ; les femelles les ont beaucoup plus grandes que les mâles et toujours de douze articles ; les élytres sont linéaires, arrondies; les pattes de longueur moyenne et égales.

On a remarqué que cet insecte s'attaque de préférence au blé de Saint-Léonard. La femelle perce un petit trou circulaire dans la tige, près de l'épi, et y introduit un œuf qui tombe au premier nœud du chaume; il donne naissance à une petite larve qui recommence le même trajet en sens inverse, arrive près de l'épi et ronge circulairement l'intérieur du tuyau. L'épi se flétrit, reste vide de grains et, au premier coup de vent, tombe. La larve alors descend dans le chaume et, perçant successivement tous les nœuds, va se loger tout au bas de la tige, à 5 ou 8 centimètres du collet, pour y passer l'hiver.

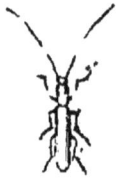

Aiguillonier.

L'Aiguillonier est un Coléoptère de la tribu des Cérambyciens, magnifiques insectes, tant sous le rapport de la grande dimension de la plupart d'entre eux, que sous celui de leurs formes élégantes et variées et de leurs couleurs, parfois très belles.

Les Cérambyciens ont des antennes d'une longueur extrême, qui les font reconnaître au premier abord. Ce caractère facile à saisir leur avait fait donner par Latreille le nom de Longicornes. Ces antennes sont toujours un peu plus courtes chez les femelles que chez les mâles.

Les Cérambyciens, dans leurs habitudes et dans leurs métamorphoses, se ressemblent au plus haut degré; à l'état d'insecte parfait, ils fréquentent les fleurs, les arbres pourris, etc. Dans leur premier état, tous, sans exception, vivent dans le tronc, dans les branches des arbres ou dans la tige des blés. Les larves se ressemblent aussi considérablement; ce sont

toujours de gros vers allongés, blanchâtres ou jaunâtres, ayant une tête un peu cornée, des mandibules
très robustes, le premier anneau du corps plus grand
que les autres ; ceux-ci offrent ordinairement dans le
milieu des espaces garnis de petites rugosités. C'est
vers le mois de juin, lorsque les blés sont épiés et
en fleur, que la. femelle perce un
petit trou dans la tige et y introduit
un œuf ; elle continue sa ponte en
ne confiant qu'un seul œuf à la
même tige. L'œuf descend jusqu'au
premier nœud du chaume, donne
bientôt naissance à un petit ver ou
larve qui monte le long du tuyau
jusqu'à la base de l'épi et ronge
circulairement ce tuyau, ne laissant
d'intact que l'épiderme. Toute
communication de l'épi avec les
racines se trouvant dès lors inter-
ceptée, la sève n'arrive plus, puisque les canaux sont rompus, l'épi
reste vide de grains, se dessèche et
tombe au moindre souffle.

Calamobie, grossi et
grandeur natu-
relle.

Cette larve passe l'hiver, blottie dans une poussière
de détritus et de ses excréments. Au moment de la
moisson, quand le blé est mûr, elle est arrivée dans
son gîte et complètement installée. — Au mois de juin
de l'année suivante, elle se métamorphose en chrysalide, et quelques jours après en insecte parfait.

La Saperde, définitivement formée, perce un trou
dans le tuyau de blé avec ses mandibules, et en sort
rapidement.

Le moyen proposé pour combattre cet insecte consiste à arracher le chaume après la moisson et à le

brûler sur place, ce qui fait périr les larves dans leur
gîte. On peut encore couper le blé très près de terre :
on emporte ainsi les larves dans la grange où elles sont
écrasées par le battage.

SILPHIENS

Parmi les Coléoptères, il existe une tribu qui, sans
présenter les caractères homogènes des Scarabéiens,
des Carabiens et autres, a cependant un aspect particulier et divers caractères qui ne permettent pas de
les confondre. Nous n'avons à décrire dans cette tribu
qu'un insecte de la famille des Silphides, peu nombreuse aussi en genres.

Le genre Silphe est le type de la famille des Silphides. On en connaît une cinquantaine d'espèces, la
plupart européennes, le plus souvent de couleur noire,
vivant sur des cadavres d'animaux ; on les rencontre
fréquemment aussi courant les chemins secs et arides.
Le Silphe obscur est le plus commun du genre ; il est
long de 6 à 8 lignes, d'un noir obscur, finement ponctué avec trois côtes sur les élytres.

La larve de cette espèce se rencontre communément dans notre pays; elle est noire, fortement aplatie, brillante, avec la tête arrondie et tous les anneaux
du corps très distincts, ayant leurs angles postérieurs
très aigus. Le deuxième anneau supporte une paire
de petits prolongements coniques. Cette larve court
avec beaucoup de vitesse, de même que toutes celles
des Silphes ; les différences qui existent entre les
différents genres de larves sont très légères et con-
sistent surtout dans la forme plus ou moins large ou
plus ou moins étroite de leur corps.

SILPHE

(Silpha opaca).

Au mois de mai de 1865, M. Payen a fait connaître l'existence d'un insecte qui s'attaque à la betterave. Cet insecte appartient à une espèce du genre Silphe qui dévore les jeunes feuilles des plantes et qui a été déjà signalée en Allemagne, en Suède et enfin en France, où elle s'attaque aux folioles des betteraves qui viennent de lever.

Les Silphes en général sont carnassiers, mais l'espèce désignée sous le nom de *Silpha opaca*, et à laquelle appartiennent les insectes envoyés par M. Pilat, mange les jeunes feuilles de betteraves et d'autres végétaux.

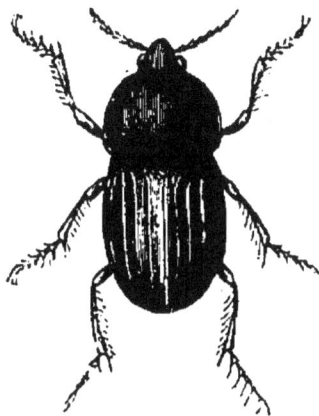

Silphe obscur.

C'est encore la larve de cet insecte qui est à redouter pour la betterave. Ses principaux caractères sont : dos noir, dur, ventre blanchâtre et mou, douze segments aplatis sur les bords et donnant à la larve l'aspect du Cloporte ; les trois premiers segments munis de pieds fourchus ; abdomen terminé en pointe arrondie et servant à la locomotion : tête munie d'antennes ; six yeux ; très agile, très remuante. La larve du Silphe obscur cherche à s'échapper lorsqu'on approche d'elle. Elle change de peau plusieurs fois de suite, et après la mue elle paraît blanche. Au bout d'une heure elle est brune sur le dos.

Les feuilles attaquées par le Silphe sont rongées, déchiquetées, mais rarement squelettées.

CRYPTOPHAGES

(*Atomaria linearis* (Stephens). — *Atomaria pygmea* (Heer).)

Un autre genre du groupe des Engidites, genre Cryptophage, a été observé pour la première fois, en 1839, par M. Armand Bazin. Cet insecte est étroit, linéaire, long à peine d'un demi-millimètre. Sa couleur varie du roux ferrugineux au brun noir. Il se montre en mai et juin, plus rarement en juillet et en août. Très friand de la betterave, il se reproduit avec une rapidité surprenante et sait se dérober à tous les yeux ; il va se cachant dans le sol, où il ronge les germes des betteraves au fur et à mesure qu'ils apparaissent. Il n'est pas rare d'en trouver plusieurs autour d'une même graine. Quand leur nombre est considérable et que leur éclosion précède la levée des betteraves, la récolte est entièrement compromise. Mais si les insectes ne paraissent qu'après les plantes, les dommages sont moins grands. Ils attaquent les racines, y creusent de petits trous et les minent en partie, mais ne les détruisent pas toujours. Les betteraves échappent souvent à la mort si la terre est humide, compacte, et la végétation active. Cet insecte ne se contente pas de dévorer les racines : quand le temps est beau, il sort de terre, monte sur la tige et mange les feuilles. Il arrive souvent qu'un certain nombre d'insectes sont occupés à ronger la racine pendant que d'autres se nourrissent aux dépens de la feuille.

Les moyens employés avec le plus de succès par M. Bazin contre cet insecte sont les suivants ; 1° faire alterner les récoltes; 2° plomber le sol avec les rouleaux; 3° fumer fortement le sol pour activer la végétation; 4° ne pas économiser la semence (1).

DORYPHORE

(Doryphora decemlineata.)

L'insecte destructeur des pommes de terre exerce depuis une quinzaine d'années aux États-Unis d'immenses ravages.

Le Doryphore ou Colorado vit en Amérique sur des solanées indigènes à l'état sauvage. Tout à coup des individus se sont abattus sur des champs de pommes de terre; ils ont pris goût à la plante cultivée et au milieu de l'abondance, l'espèce s'est multipliée dans des proportions inouïes.

En présence de cette propagation, les décrets du 28 mars 1875 et du 11 août 1877 interdirent en France l'entrée et le transit des tubercules et des fanes de pommes de terre provenant des États-Unis, du Canada et de l'Allemagne, ainsi que les sacs et les futailles ayant servi à leur emballage.

Voici d'abord la description de l'insecte parfait :

Le Doryphore a 10 à 12 millimètres de longueur et 7 à 9 millimètres de largeur; son corps est ovoïde, un peu allongé et sans poils; son dos est très convexe, sa tête saillante et dégagée du corselet ou thorax qui est très court; ses élytres sont coriaces et un peu luisantes, elles couvrent complètement le corps et

(1) M. Blanchard a décrit sous le nom de Cryptophage ipsoïde (*Cryptophagus ipsoides*) le même insecte qui produit les mêmes dégâts sur les betteraves. — Voir son mémoire dans la *Société d'agriculture*, année 1850, t. II, p. 494 et suivantes.

les ailes qui sont membraneuses et de couleur rose ; ses pattes sont au nombre de six, elles sont terminées par un tarse composé de quatre articles ; le mésosternum est avancé en pointe ou en manière de corne ; les antennes sont libres, filiformes et de la longueur environ de la moitié du corps.

Les élytres sont jaune blanchâtre, chacune présente cinq raies noires longitudinales ; la ligne intérieure est conjointe avec la suture interne ; le corselet, la tête et les pattes sont jaune roux ou roux bronzé ; les antennes, les articulations des pattes et des tarses sont noires ; on distingue sur sa tête une tache noire en forme de cœur et sur le thorax une marque noire en forme de V, autour de laquelle existent çà et là des points noirs ; le dessous du corps est rougeâtre.

Les Doryphores sont agréables à la vue. Ils ne sautent point, mais ils se distinguent par la vivacité de leurs mouvements.

Œufs. — Les œufs du Doryphore sont ovalaires, brillants et un peu translucides ; leur bout supérieur est arrondi ; ils adhèrent au-dessous des feuilles par leur extrémité inférieure et sont placés assez régulièrement les uns à côté des autres ; ils sont au nombre de 20 à 50 sur chaque feuille ; leur longueur est de 2 millimètres.

Ces œufs sont d'abord jaune citronné, puis jaune orangé et enfin rouge orangé.

Larves. — Les larves ont, comme les insectes parfaits, une tête arrondie et plus petite que le corps ; leur consistance est molle, et elles sont aussi luisantes ; leur corps est allongé, divisé par des anneaux et terminé en pointe ; leur thorax est armé de six pattes très apparentes ; leurs antennes sont très courtes.

A leur naissance, les larves sont noirâtres et elles

ont la grosseur d'une forte tête d'épingle. Vers le
cinquième ou le sixième jour, elles ont de 4 à 5 millimètres de longueur, et leur abdomen est rouge brun
ou rouge vénitien obscur, ou rouge indien, ou acajou
foncé et un peu transparent. Vers le dixième ou le
douzième jour, elles ont une couleur bien moins
sombre. Quand elles sont entièrement développées,
vers le seizième ou le dix-huitième jour, elles ont 10
à 12 millimètres de longueur, et leur couleur est rouge
cuivré clair.

Dans ces divers états, leur corps est très pyriforme,
surtout quand elles sont à l'état de repos ou lorsqu'elles mangent; leur tête, leur corselet et leurs
pattes sont très noirs. Toutefois, quand elles ont dix
à douze jours d'existence, leur tête est séparée du
thorax, qui est noir, par une bande étroite semblable,
quant à sa couleur, à la teinte du corps. En outre,
on observe sur le dos une ligne longitudinale grise
assez apparente. Ces larves, à partir du cinquième
ou sixième jour qui suit leur naissance, présentent,
de chaque côté du corps, deux lignes superposées de
points noirs qui deviennent chaque jour plus apparents. Les larves subissent plusieurs mues. Les pellicules qui se détachent de leur partie antérieure sont
entièrement noires. Pendant ces évolutions, qui sont
de très courte durée, ces insectes restent presque
immobiles.

Leurs déjections sont noirâtres; elles restent sur
les feuilles.

Nymphes. — Les larves, du seizième au vingtième
jour, se transforment en nymphes. Alors elles quittent
les tiges et les feuilles, arrivent sur le sol et s'y enfoncent jusqu'à 2 et 6 centimètres, selon la nature de
la couche arable. Dans cet état, elles restent inactives,

sont contractées et comme recouvertes d'une pellicule mince de couleur rose cuivré, mais n'offrant aucun point noir.

Au bout de douze à seize jours d'immobilité, la métamorphose est terminée, et chaque nymphe devient un insecte parfait.

Mœurs du Doryphore. — Le Doryphore ne redoute ni les grands froids, ni les fortes chaleurs, ni les pluies abondantes et prolongées. Vers la fin d'août, pendant le mois de septembre et la première quinzaine d'octobre, les insectes parfaits, provenant de la seconde et de la troisième génération, perdent de leur vivacité, et s'enfoncent en terre jusqu'à 20, 30 et même 40 centimètres de profondeur; ils passent ainsi l'hiver dans un état d'engourdissement, pour se réveiller et sortir du sol vers la fin d'avril ou le commencement de mai, dès les premiers rayons de soleil. Alors ils se dirigent vers les champs de pommes de terre, qu'ils dépouillent promptement de leurs feuilles.

Il importe donc de surveiller le réveil de cet insecte dévastateur, et de prendre les mesures les plus énergiques pour l'arrêter dans sa multiplication.

C'est dans le courant de juin qu'a lieu le premier accouplement. Les femelles sont très fécondes et collent leurs œufs sous les feuilles; elles font quatre à cinq pontes chaque semaine, pendant environ quatre à cinq semaines. Le nombre d'œufs qu'une femelle peut produire pendant son existence varie entre 300 et 500. Les œufs éclosent vers le huitième jour. Lorsque les insectes naissent, les amas d'œufs, au lieu d'être rouge orangé, prennent une teinte brunâtre.

Les jeunes larves sont très petites. Jusqu'au huitième ou dixième jour, elles attaquent les feuilles en les perçant. Les trous qu'elles font vont chaque jour en s'agrandissant. A partir du dixième ou douzième jour, elles mangent avec une grande avidité et rongent les feuilles en y formant de larges échancrures. Les larves qui ont atteint leur développement sont beaucoup plus voraces que les insectes parfaits; elles dénudent promptement les pommes de terre de leurs feuilles. Les unes et les autres, pendant toute leur exis tence, se tiennent sur les tiges, ou sur les feuilles.

Les grandes larves rendent, quand on les saisit, un liquide roussâtre, un peu astringent; cette bave pro- duit une légère irritation de la peau.

Les insectes parfaits sont inoffensifs, mais ils replient leurs pattes contre le corps et restent immobiles pen- dant plusieurs minutes quand on les prend ou lors- qu'on les fait tomber à terre. Ces insectes se cachent entre les feuilles pendant la nuit ou au milieu du jour, lorsque le soleil est ardent; mais ils se déplacent le soir et le matin avec une très grande facilité. Les lar- ves passent d'une plante à une autre, mais elles ne franchissent pas des distances aussi grandes que les espaces parcourus par les insectes parfaits. Ces larves restent aussi inertes pendant quelques minutes quand on les saisit.

Les larves, à cause de leur état mou et graisseux, se tiennent facilement sur l'eau et elles se laissent entraîner par les courants. Les insectes parfaits nagent aisément. Ils peuvent aussi voler pendant les grandes chaleurs du jour, mais leur vol est lourd et ne leur permet pas de franchir de grandes distances.

Les insectes parfaits peuvent vivre pendant quatre à six semaines sans aucune nourriture. Les larves et les nymphes ont une existence limitée. A défaut de pom- mes de terre, les insectes et les larves se nourrissent de feuilles de tomate, de tabac, de datura, de belladone, de morelle, de jusquiame et de pétunia, plantes qui appartiennent, comme la pomme de terre, à la famille des solanées.

En résumé, le Doryphore ou Colorado se propage avec une grande facilité et une rapidité effrayante. Une seule femelle, par les deux, trois et quelquefois quatre générations qui se succèdent pendant la végétation de la pomme de terre, peut produire dans l'espace de quatre à cinq mois plus de 100,000 larves et insectes.

M. Émile Blanchard a émis dans son rapport l'idée que l'invasion du Doryphore en Europe est peu probable. Nul zoologiste ne voudrait cependant, dit-il, la déclarer impossible.

Les insectes qui se fixent sur les plantes, sortes de parasites tels que les Pucerons, les Kermès, les Cochenilles transportés avec le végétal qui les nourrit, se naturalisent aisément partout où le végétal prospère. Le Puceron lanigère et le Phylloxéra de la vigne en sont de terribles exemples. Au contraire, ne s'accommodent pas d'un changement de patrie les espèces ayant une vie plus indépendante. Jetées sur une terre étrangère, où les conditions nécessaires à leur existence semblent réalisées, elles meurent néanmoins sans postérité. L'expérience l'a prouvé plusieurs fois pour des espèces de l'Amérique.

Toutefois, songeant au péril si grave de l'introduction du Doryphore, la Commission d'agriculture s'est prononcée pour l'interdiction absolue des pommes de terre provenant des États-Unis d'Amérique ainsi que des pays qui n'auraient pas fait la même interdiction.

Moyens de destruction. — Ramassage de l'insecte ; destruction des larves et nymphes en terre avec solution concentrée de sulfo-carbonate.

HÉMIPTÈRES

PUCERON DU BLÉ

Le puceron appartient à l'ordre des Hémiptères, insectes chez lesquels on remarque une bouche formée de pièces constituant un suçoir.

Les Hémiptères vivent en général du suc des végétaux, cependant beaucoup d'entre eux sucent d'autres insectes et même le sang de l'homme et des animaux. On compte parmi eux tous les insectes connus sous le nom de Punaises ; ils ont des métamorphoses incomplètes. Au sortir de l'œuf ils ressemblent complètement aux adultes, seulement ils sont privés d'ailes. Ils n'en acquièrent les rudiments qu'après plusieurs mues ; ils sont considérés alors comme nymphes, mais ne sont insectes parfaits qu'après un dernier changement de peau.

Les Pucerons rentrent dans la petite tribu des Aphidiens ; ils ont des antennes composées de sept articles et un abdomen ayant à l'extrémité deux petits tubes sécréteurs.

Les Pucerons offrent une particularité très remarquable dans leur mode de génération ; ces insectes, ovipares à une certaine époque, sont vivipares pendant une grande partie de l'année.

8

Les espèces de Pucerons sont nombreuses ; mais le Puceron vert et le Puceron noir forment les deux classes les plus tranchées, et c'est dans la dernière espèce qu'il faut ranger le Puceron de blé.

Ces insectes vivent en troupes compactes à peu près sur toutes les plantes. Ils se tiennent à la partie inférieure des tiges, pour être protégés de la pluie, sucent le suc des plantes, et y déterminent fréquemment des excroissances considérables très nuisibles aux végétaux.

Les Pucerons portent au derrière deux petites cornes qui distillent continuellement la sève qu'ils ont absorbée et qui la rendent en liquide légèrement sucré. C'est comme des outres qui absorbent la sève, l'élaborent et la rejettent au profit des fourmis, qui en sont très friandes.

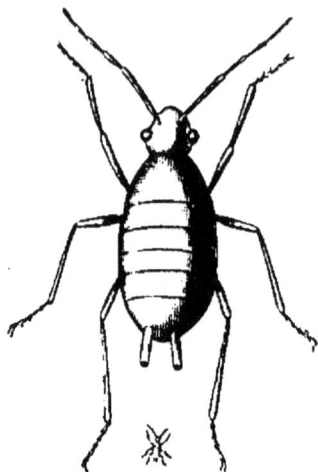

Puceron du blé, grossi et grandeur naturelle.

Les Pucerons mettent leurs petits au monde vivants, exception remarquable à la loi générale qui gouverne à cet égard les insectes. Si l'on regarde un groupe avec attention, on en observe plusieurs qui expulsent par l'anus de petits corps verdâtres. Ce sont de petits Pucerons qui sortent du ventre de leurs mères, mais dans un sens différent de celui des autres animaux, c'est-à-dire que le derrière sort le premier. L'accouchement entier ne dure pas plus de six à sept minutes.

La fécondité des mères puceronnes est prodigieuse. Ont-elles une fois commencé à mettre bas, elles semblent ne faire plus autre chose ; elles jettent de quinze à vingt petits dans une journée, et tout le reste de leur vie, jusqu'à l'hiver, se passe dans ce pénible travail. Si l'on prend une de ces mères et qu'on la presse doucement, on fait sortir de son ventre encore un plus grand nombre de Pucerons de plus en plus petits, qui filent comme des grains de chapelet. Dès que le petit Puceron est né, il commence à sucer les feuilles.

Nouvelle et étrange particularité : ces petits sont tous des femelles qui mettront au monde d'autres femelles sans s'être accouplées avec un mâle, lesquelles produiront sans accouplement de nouvelles femelles fécondes, ainsi de suite pendant neuf ou dix générations qui se succéderont durant le printemps, l'été et l'automne ; mais la dernière génération pond des œufs qui passent l'hiver sur les arbres et les plantes, et qui éclosent au printemps suivant. Ceux-ci donnent naissance à des mâles et à des femelles qui s'accouplent une seule fois. Il n'y a donc qu'un seul accouplement qui féconde la femelle et toutes celles qui sortiront d'elle pendant une succession de neuf ou dix générations. Réaumur a calculé qu'une seule femelle était dans une seule année la souche de 100,000 individus.

Si les Pucerons n'étaient pas soumis à de nombreuses causes de destruction, ils auraient bientôt étouffé la végétation. Mais leurs ennemis sont nombreux et les détruisent en grand nombre. Il est bon de les faire connaître, afin qu'on les respecte, puisqu'ils nous rendent service.

Au premier rang se placent les larves d'une mouche du genre Syrphe. La bouche de ces larves consiste dans un simple tube qui renferme deux soies écailleuses, de la grosseur d'un crin, avec lesquelles elles percent les Pucerons, les enlèvent en l'air par un mouvement de tête semblable à celui d'une poule qui boit, et les

sucent. Elles rejettent la peau vidée et percent un nouveau puceron qu'elles sucent de même et continuent
ainsi presque sans interruption. Elles nettoient en peu
de temps une branche chargée de cette vermine, sans
qu'il en reste un seul. Elles les mangent ou plutôt elles
les boivent plus vite qu'ils ne se reproduisent, malgré
leur fécondité. Parvenues à leur complet développement, les Syrphes se transforment en jolies mouches,
de forme élégante et
de couleur luisante.

Le Syrphe (du groseillier).

En second lieu vien-
nent les larves de petits
Coléoptères fort con-
nus, auxquels on
donne les noms vul-
gaires de Bête-à-bon-
Dieu, et dont le nom
entomologique est Coc-
cinelle. Elles vivent en général de Pucerons qu'elles
saisissent avec leurs pattes de devant et portent à leur
bouche. Comme elles sont très voraces, elles ne s'é-
pargnent pas entre elles et s'entre-mangent lorsqu'elles
peuvent s'attraper.

D'autres insectes ne se nourrissent pas eux-mêmes
de Pucerons, mais ils les prennent dans leurs dents et
les emportent dans leurs nids pour leurs petits. Les
femelles établissent leurs nids dans une galerie creusée
dans la terre ou dans le bois mort ou dans la moelle
des branches sèches, comme le sureau. Elles empilent
les Pucerons dans le fond de la cellule en nombre suf-
fisant et pondent un œuf dessus, puis elles ferment la
cellule avec une cloison de terre ou de moelle; elles
approvisionnent de même une seconde et une troisième cellule, tant qu'elles ont d'œufs à pondre.

Chaque œuf coûte la vie à vingt Pucerons au moins, et souvent plus.

PUCERON DU COLZA

Le colza souffre également des attaques du Puceron, et voici un remède qu'on dit héroïque contre les ravages qu'il produit sur cette plante.

En 1864, M. Bethmont rapportait les résultats avantageux qu'il avait obtenus par l'emploi du pincement sur des plants de colza dont les premières fleurs avaient été détruites par les gelées du printemps; en 1865 la même opération lui a encore rendu d'éminents services dans des circonstances bien différentes. Voici, du reste, comment il s'exprime à cet égard : « Cette année j'ai semé de bonne heure, mon colza a bien levé, les froids de l'hiver ont empêché une floraison trop hâtive, il n'y avait pas lieu de pincer, ou du moins il n'y avait pas nécessité; il n'y avait qu'utilité possible.

« Mais, au moment de la floraison, le Puceron, par millions, se jeta sur le colza. J'espérais, c'était au commencement d'avril, que les gelées détruiraient l'ennemi. Point ! En huit jours, 35 hectares de colza étaient dévorés, et, sur les 35, on en comptait 23 qui ne laissaient plus aucun espoir. Malgré l'époque avancée de l'année (10 avril), je fis faucher la tête de mes colzas sur les 23 hectares perdus, réservant les 12 qui, bien qu'attaqués, étaient cependant porteurs d'une récolte encore acceptable. Je pris ce qui me restait et confiai au hasard d'une pousse nouvelle et bien tardive les 23 hectares totalement ravagés.

« Le colza pincé repoussa avec une vigueur incroyable, et les branches latérales atteignirent une

moyenne de 90 centimètres dans leurs nouveaux re-
jetons. Mais le Puceron se chargea de la récolte et ne
me laissa pas intacte une seule fleur sur ces 23 hectares. Seulement, cette plante nouvelle, fraîche et
plus tendre, lui fit abandonner immédiatement les
colzas non pincés dans les 12 hectares cités plus
haut, lesquels étaient placés au milieu des 23 soumis
au pincement. Le Puceron quitta la plante plus dure
pour la plante dont les pousses nouvelles et tendres
lui offraient une nourriture plus agréable et plus ap-
pétissante. Mes 23 hectares furent sacrifiés, mais ils
sauvèrent complètement les colzas non pincés. »

Le sacrifice est assurément énorme comparativement au résultat ; aussi M. Bethmont propose-t-il, en
définitive, de corriger le hasard qui l'a si mal servi cette
année-là, et de conjurer les ravages du Puceron en
pinçant une rangée ou une planche de colza sur quatre, de manière à faire la part du feu, à allécher l'insecte dévastateur par l'attrait d'une nourriture fraîche
et tendre, et à diviser le fléau sur une minime fraction de la récolte. L'idée paraît ingénieuse, et n'est
peut-être pas sans précédents. C'est à savoir maintenant ce qu'elle vaudra dans l'application.

PUCERON DU SAINFOIN

(Aphis onobrychidis).

Le sainfoin est quelquefois attaqué par les Pucerons
que l'on voit fixés à l'enfourchure des branches ou
au-dessous de l'épi. Ils paraissent au mois de mai, au
moment où se montre la fleur. Certaines plantes en
sont tellement garnies, qu'elles en paraissent noires
et cependant elles ne semblent pas en souffrir sensi-

blement, car elles ne sont ni moins fraîches, ni plus faibles, ni plus chétives que les plantes exemptes de cette vermine.

Lorsque la plante est coupée et qu'elle commence à sécher, les Pucerons, n'y trouvant plus de sève pour se nourrir, l'abandonnent et se portent ailleurs dans le but de chercher leur nourriture, ou périssent faute d'aliments. Sans aucun doute, les bestiaux, brou- tant la prairie artificielle, dédai- gnent les tiges chargées de Pu- cerons et les foulent aux pieds, ce qui est une perte réelle.

Quant au sainfoin, rentré sec pour la nourriture d'hiver, il n'en contient plus et ne paraît pas différer de celui qui en est exempt.

M. Goureau dit que, vers l'époque du 12 mai, on voit,

Puceron du sainfoin, grossi et grandeur na- turelle.

sur le sainfoin, de nombreuses familles de ce Pu- ceron dans lesquelles on remarque des individus aptères de toutes les tailles, depuis les plus jeunes qui viennent de naître jusqu'à ceux qui sont adultes ; des individus aptères qui prendront des ailes plus tard, qui sont à l'état de larve ou à l'état de nymphe ; enfin des individus pourvus d'ailes, qui sont des fe- melles adultes. Le Puceron du sainfoin a été dé- crit par M. Goureau : il est aptère et a une lon- gueur de 1 millimètre 1/2. Il est d'un noir luisant, pyriforme, c'est-à-dire plus étroit vers la tête, qui est petite. Les antennes sont sétacées, un peu moins lon- gues que le corps, formées de sept articles, les deux

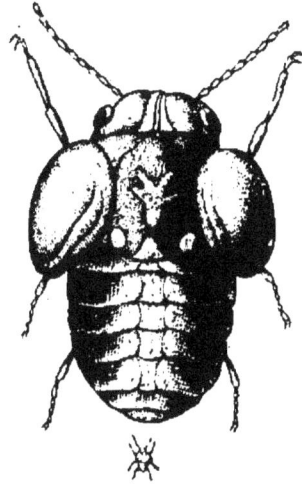

premiers courts et noirs ; les suivants composant la tige, blanchâtre à la base, allant en diminuant d'épaisseur jusqu'à l'extrémité, qui est noire ; le bec est blanchâtre à la base ; le corselet, non distinct, forme avec l'abdomen un corps pyriforme arrondi au bout et terminé par une petite queue. Les cornicules sont noires, assez longues ; les pattes sont blanchâtres, avec la moitié inférieure des cuisses et les tarses noirs.

. Le Puceron ailé est semblable pour la couleur à l'espèce aptère ; mais le corps est ovale, le corselet distinct et l'abdomen est un peu étranglé à la base ; les ailes sont blanches, deux fois aussi longues que l'abdomen ; les antennes, le bec, les cornicules et les pattes sont comme dans le précédent. On ne connaît aucun moyen de destruction contre ce Puceron qui, vraisemblablement, ne se multiplie extraordinairement que dans les sainfoins qui manquent de vigueur et dans les années défavorables à cette plante.

PUCERON DU HOUBLON

M. Salomé, secrétaire de la Société d'agriculture du Nord, a fait connaître dans le *Journal d'agriculture* les Pucerons volants de couleur verdâtre qui envahissent les houblonnières ; ils pullulent partout, les feuilles en noircissent, puis se dessèchent et ne gardent bientôt plus que leurs membrures décharnées ; on dirait que les Pucerons en ont sucé toute la substance ; la plante s'arrête dans son développement et ne tarde pas à languir et à s'étioler. Autant il y a quelques jours la houblonnière était belle à voir dans la luxuriance et la fraîcheur de sa végétation, autant elle attriste maintenant le regard par son aspect fané, noirâtre, sordide.

On ignore les causes de l'apparition subite de ces insectes, les circonstances qui favorisent leur incroyable multiplication ; on a remarqué seulement qu'ils surviennent le plus souvent quand l'atmosphère est tranquille, brumeuse et tiède. Parfois un violent orage accompagné de pluie et d'éclairs, suivi d'une température fraîche, vient dissiper les terribles et insaisissables envahisseurs. On a cru reconnaître aussi que leur disparition coïncidait avec la présence de deux insectes dont l'un a l'apparence d'un petit ver de couleur grisâtre ; on l'a nommé *loup* (en flamand *wulf*), parce qu'on suppose qu'il dévore les Pucerons ; l'autre est un petit Coléoptère aux ailes voûtées, de couleur rouge avec des points noirs (en flamand *pyppoesten* ou *hummel bieschen*). Malheureusement on ne peut faire venir artificiellement ces ennemis des Pucerons, comme on met des crapauds dans les jardins pour qu'ils dévorent les limaces, et s'ils tardent à paraître, comme il arrive le plus souvent, c'en est fait de la récolte qu'on espérait.

Ne pourrait-on, par exemple, essayer du *soufrage*, tel qu'on le pratique sur la vigne, afin de se rendre maître de l'*oïdium* ? et pour que les frais soient moindres, plusieurs planteurs ne pourraient-ils s'associer pour se procurer en commun les objets nécessaires à cette opération du *soufrage*, lesquels, au reste, ne sont probablement pas coûteux ? Nous n'avons nullement la prétention d'avoir résolu la difficulté, nous proposons seulement l'expérience, et nous serions heureux d'en provoquer d'autres dans le but de combattre les deux sortes d'insectes malfaisants dont nous venons de parler.

JASSE DÉVASTATEUR

Le Jasse dévastateur est un Hémiptère qui depuis 1844 paraît s'être fixé dans la commune de Saint-Paul (Basses-Alpes).

Voici, d'après Guérin-Méneville, la description de cet insecte : sa tête est jaune d'ocre avec le sommet marqué de taches noires, le front jaune, allongé, sillonné de raies transverses, arquées, noires de chaque côté. Le clipéus est allongé, bordé de noir avec une ligne de cette couleur au milieu. Le prothorax et l'écusson sont jaune d'ocre avec des taches brunes. Les élytres, transparentes, sont d'un jaune pâle avec quelques taches brunes. Les pattes sont jaunes rayées de noir. Les ailes sont transparentes et un peu enfumées à l'extrémité ; sa longueur est de 2 millimètres et demi.

Cet insecte ne ronge pas les céréales (blé, orge, avoine), mais il en suce les feuilles et la tige, qui se dessèchent. C'est surtout le matin qu'il commet ses dégâts, sautant ou s'envolant à l'approche de l'homme. On le trouve même en hiver sur les jeunes blés, mais surtout au printemps. On croit avoir remarqué que le sulfate de fer (couperose verte) répandu sur le sol a la propriété de l'éloigner.

CICADELLES

(Genre Penthimie).

La famille des Cicadelles est caractérisée par un bec naissant tout à fait à la partie inférieure de la tête, par des élytres membraneuses dans toute leur étendue et presque aussi transparentes que les ailes, par des antennes de trois articles insérés devant les yeux et par un écusson toujours à découvert. On distingue les Penthimies à un corps large et court, à des antennes insérées dans une grande fossette sous le bord proéminent du chaperon, à des élytres plus larges à l'extrémité qu'à la base, béantes et rétractées au bout, et à des pattes longues dont les jambes postérieures offrent une série d'épines très aiguës.

L'espèce qui dévore la vigne est la Penthimie noire, *Penthimia atra*. Ce petit insecte est long de 5 millimètres. Le corps est d'un noir assez brillant. Le corselet est ordinairement rouge avec son bord antérieur noir, et les élytres sont rouges et variées de brun noirâtre, mais, chez certains individus, le

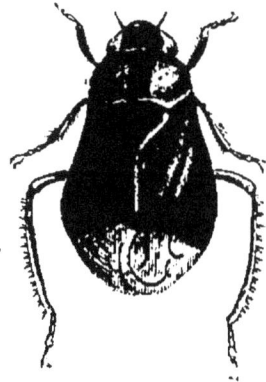

Penthimie noire.

corselet est noir avec une tache rouge de chaque côté, et les élytres sont également noires et parsemées de taches rouges ; chez d'autres le corselet et les élytres sont complètement noirs. Ces différences de couleur ont trompé plusieurs auteurs qui ont rencontré dans ces variétés des espèces distinctes; mais les entomologistes modernes sont parfaitement d'accord sur leur identité.

Cet insecte a été observé dans les vignes du Mâconnais par Audoin ; il saute avec une grande agilité et pique les feuilles de vigne pour se nourrir de leurs sucs végétaux, ce qui amène promptement leur flétrissure. On trouve rarement les Penthimies en grande quantité, mais dans le cas où elles se multiplieraient davantage, on pourrait les détruire de la même manière que les Eumolpes et que les Altises.

CALOCORIS OU GRISETTE

Un autre Hémiptère est ennemi de la vigne, c'est le Calocoris qui appartient à la division des Nétéroptères dont le rostre prend toujours naissance entre les yeux ou sur le front, dont les antennes sont plus longues que la tête, qui a la partie basilaire des ailes ordinairement coriace, opaque et prend le nom de *corie*. Il appartient à la famille des Capsides dont les élytres présentent à l'extrémité de la corie une pièce triangulaire séparée par un pli transversal, à laquelle on donne le nom de cuncus et qui est ordinairement précédée d'une petite échancrure sur le bord externe. La membrane offre à sa base une nervure fortement arquée formant une petite cellule ovalaire près du cuncus. Il rentre dans le genre Phytocoris, insectes tout oblongs, un peu allongés, souvent ornés de couleurs vives, disposées par raies ou bandes longitudinales avec la tête triangulaire. Les antennes et les pattes sont grêles.

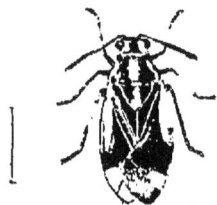

Calocoris, grossi et grandeur naturelle.

Lorsqu'on examine le Calocoris à l'œil nu, on remarque que l'insecte a environ 7 millimètres de longueur et 2 de large.

La face supérieure est brunâtre. Les ailes de cette couleur présentent à leur extrémité externe près de la corie une pointe triangulaire jaune orangé dont l'extrémité est noire. Le bord externe de l'aile est également jaune orangé devenant noir à son point de rencontre avec la surface triangulaire ci-dessus décrite.

A leur extrémité supérieure et interne, les ailes sont séparées par une petite surface triangulaire jaune orangé qui se prolonge par une raie de même couleur sur la partie médiane du prothorax et forme un demi-anneau à la base de la tête, se prolongeant à la partie interne des yeux.

On rencontre ordinairement cet insecte sur les plantes de la famille des Ombellifères. Cette année une dizaine de Calocoris nous ont été adressés par le professeur départemental de l'Aube, M. Dupont Marcel, qui a constaté que les raisins piqués par cet insecte se flétrissent et ne peuvent plus être utilisés. C'est grâce à cet envoi que nous avons pu faire notre description.

M. Rapin, vice-président du comice d'Auxerre et de la Société centrale d'agriculture de l'Yonne, a, cette année, déclaré dans le *Journal d'agriculture pratique* que des Calocoris se montrent dans les vignobles qui bordent la Loire, et depuis plus de quinze ans dans ceux de l'Yonne, mais les dommages n'ont été considérables et étendus que depuis deux années dans les vignobles de Coulange-la-Vineuse. M. Rapin rapporte que M. Guénier, propriétaire à Auxerre, a donné une description des Calocoris dans laquelle il constate que chez le mâle les ailes dépassent l'abdomen de 1 millimètre, la femelle est un peu plus grosse que le mâle ; chez elle les élytres sont de 2 millimètres plus courts que l'abdomen qui devient très volumineux à la fin de juin au moment de la ponte.

Tout récemment, un viticulteur d'Irancy, M. Gauthier, après de longues et patientes recherches, a découvert et reconnu les œufs du Calocoris. Ils sont oblongs en forme de vessie de poisson, légèrement incurvés, de couleur rose.

M. le docteur Houdé, de Coulanges-la-Vineuse, a observé l'insecte au moment même où il sortait de l'œuf et il ne saurait y avoir de doute sur ce point.

On les trouve dans la moelle du cep mise à nu par

la section résultant de la taille des années précédentes à une profondeur de 1 millimètre environ; dans la moelle de l'osier dont on se sert pour la vigne, dans les parties tendres et dans les fentes des échalas.

M. le Dr G. Patrigeon a confirmé les observations précédentes en ce qui concerne la présence des œufs dans les fissures superficielles des échalas, principalement à leur extrémité supérieure, et là où le bois a subi un commencement de décomposition. Il ne les a vus que là, et M. Rapin, pour le convaincre qu'ils existaient bien dans la moelle mise à nu par la section des sarments, a rappelé les observations de M. Gauthier d'Irancy et du Dr Houdé qui a renfermé dans une boîte quelques fragments de sarment de deux ans, ouverts latéralement de manière à reconnaître la présence des œufs sans les endommager. Quelques jours après, il vit un premier Calocoris sortir de l'œuf, puis le lendemain un second. Cette même expérience a ensuite été imitée à Coulanges et à Irancy par un grand nombre de vignerons. M. Rapin, trois jours après avoir déposé quatre œufs adhérents au sarment dans un petit récipient, a reconnu la présence de quatre Calocoris.

MOYENS DE DESTRUCTION.

Une commission spéciale nommée par le comice de l'arrondissement d'Auxerre a essayé différents procédés; l'ébouillantage ou traitement par l'eau bouillante, le flambage, au moyen du flambeau Guillot, le badigeonnage des ceps et des échalas avec une solution concentrée de sulfate de fer, surtout avec la composition recommandée par M. Balbiani pour la destruction de l'œuf d'hiver du phylloxera, contenant de la chaux, de l'huile lourde et de la naphtaline.

On sait que les Calocoris redoutent le froid et ont grand soin de chercher un abri pour la nuit, principalement sous les touffes d'herbe. On pourrait par le piochage ou le labour réduire, régulariser le nombre de ces touffes et détruire au moyen du flambage les Calocoris qu'elles abritent.

Quand on traitera au pulvérisateur, il sera indispensable de placer sous le cep un récipient en tôle contenant un peu de liquide insecticide et destiné à recueillir les insectes plus ou moins atteints et spécialement les femelles qui se laisseraient choir avant d'être touchées par la pulvérisation.

On pourrait encore au moyen du sécateur enlever les fractions de sarment de deux ans où les œufs se trouvent en plus grand nombre.

Quant aux sections résultant de la taille des années antérieures, on écraserait les œufs en introduisant un poinçon dans la moelle. Si l'on négligeait l'hiver de pratiquer cette opération ou toute autre tendant au même résultat, il serait utile d'enlever les javelles aussitôt après le taillage et de les rentrer au grenier. Il ne paraît pas indispensable de les brûler, car l'insecte privé de nourriture doit périr promptement.

Il faudrait enfin tailler la vigne plus tôt et avoir terminé vers le 15 mars.

CERCOPIS APTERA

Pendant l'automne de 1879 on apporta à M. Émile Blanchard des sarments de vigne et des fragments d'échalas chargés de plaques terreuses de forme ovale. On affirmait qu'un nouveau fléau commençait à sévir dans les vignobles du Bordelais. Les plaques, d'aspect terreux, étaient dénoncées comme des nids d'un insecte très nuisible. Par un examen très rapide, il était très facile, en effet, de s'assurer de la présence d'œufs régulièrement disposés au milieu de la matière granuleuse. De semblables nids n'avaient jamais été signalés nulle part; M. Blanchard réclamait en vain l'insecte qui les produit.

Au mois de mars 1880, M. le comte de Chassaigne, propriétaire dans la Gironde, qui s'intéressait beaucoup à cette question, procura à M. Blanchard des nids au moment même où s'effectuait l'éclosion des jeunes sujets. Il lui permit [de reconnaître une espèce de la famille des Cicadelles circopines. M. Signoret, consulté à cet égard par un viticulteur, s'assura que l'insecte est du groupe des Issites. M. Chassaigne remit à M. Blanchard des insectes parfaits qu'il avait recueillis sur son domaine.

Le savant membre de l'Institut reconnut que l'espèce, qui s'est tout à coup multipliée dans d'énormes proportions dans le département de la Gironde, a été décrite il y a un siècle par Fabricius sous le nom de *Cercopis aptera* en raison de l'absence d'ailes sous les élytres. Longtemps rattachée au genre Issus, elle est aujourd'hui inscrite dans les ouvrages entomologiques sous le nom d'*Hysteropterum apterum*.

Cet Hémiptère, souvent recueilli dans le Midi de l'Europe et en Algérie, n'avait donné lieu jusqu'à présent à aucune observation. Pour compléter l'histoire de l'espèce il faudrait examiner, dit M. Blanchard, de quelle façon les femelles construisent les nids. La matière granuleuse qui enveloppe les œufs est, selon toute probabilité, une sécrétion. Malgré l'apparence, on n'imagine point qu'un Cicadelle, un insecte suceur, récolte de la terre.

La grande multiplication des individus dont le nombre des nids entassés sur les sarments et sur les échalas donne une idée, la longue durée de l'espèce dont la vie s'étend des premiers jours du printemps à la fin de l'été, pouvait assurément mettre la vigne en très fàcheuse condition. Seulement, dans la circonstance actuelle, il dépend tout à fait des viticulteurs de s'épargner un nouveau fléau.

Il y a quelques années, M. Blanchard avait insisté sur l'utilité de couvrir d'un enduit les ceps et les échalas, en vue de la destruction de l'œuf d'hiver du Phylloxéra. Il avait également insisté sur l'efficacité d'un échaudage des vignes soit à l'eau bouillante, soit à la vapeur. Par ce procédé on fait périr tous les insectes qui passent l'hiver à l'état d'œufs, de larves ou de nymphes. En ce qui concerne le Cicadelle, M. Blanchard affirma que par un échaudage en hiver on est très assuré d'atteindre tous les œufs et d'amener sans beaucoup d'effort la disparition presque complète de l'insecte nuisible.

THRIPS

Les Thrips ont une certaine analogie avec les Pucerons. Ils constituent un petit ordre qui a reçu le nom de Thysanoptères. Ils possèdent huit articles grenus aux antennes, le dernier non terminé par deux soies; élytres et ailes linéaires, frangées de poils, couchées horizontalement sur le corps, qui est cylindrique; bec très petit ou peu distinct; tarses terminés par un article vésiculeux sans crochets.

Ces insectes sont très petits et vivent sur les fleurs ou les écorces d'arbres; leur corps est étroit, allongé;

terminé en queue ; leur tête est carrée et allongée.
Le premier segment de leur prothorax est très visible.
M. Goureau est un des auteurs qui aient, en France,
donné la meilleure description des Thrips. On voit
souvent, dit-il, sur le blé, dans les champs, depuis le
moment où se montre l'épi, au mois de juin, jusqu'à
l'époque de la moisson, de très petits insectes noirs
allongés, agiles, n'ayant pas plus de 2 millimètres de
longueur, sur 1/3 de millimètre de largeur, qui courent
rapidement et qui se cachent volontiers entre les
écailles renfermant les grains : ils sont en nombre
plus ou moins considérable sur chaque épi, et l'on
trouve parmi eux, entre les écailles, de petites larves
d'un rouge de sang, atténuées du côté de la queue,
ayant une tête distincte et six pattes. Ces larves produisent des insectes noirs. Il est probable que les unes
et les autres se nourrissent aux dépens du blé, en
suçant la sève qui arrive au grain, mais on n'en est pas
parfaitement sûr. Si réellement ils sont *suceurs*, comme
on le suppose, ils ne font pas un tort considérable aux
récoltes et on peut les placer à côté des pucerons,
sous le rapport des dégâts qu'ils produisent.

La larve de ce petit insecte, observée à Santigny, a
8 millimètres de longueur. Elle est d'un rouge de sang ;
la tête est petite, séparée du premier segment par une
suture peu marquée ; elle porte deux antennes de
cinq articles terminées par une pointe formant peut-
être un sixième article ; le corps contient douze segments dont les trois premiers sont les plus grands :
les autres diminuent graduellement de largeur jusqu'au dernier qui est terminé par une petite queue
noire : les six pattes thoraciques sont noires.

L'insecte parfait, observé le 12 août suivant, se rapproche beaucoup du *Thrips decora*.

Thrips decora. — Longueur 1 millimètre et demi, noir; antennes filiformes, de la longueur du thorax, droites, de sept articles, le dernier terminé en appendice sétiforme, le premier noir, les troisième et septième presque entièrement blanchâtres; tous les autres blanchâtres à la base, noirs à l'extrémité; tête et thorax noirs luisants; abdomen, de la longueur de la tête et du thorax, légèrement renflé au milieu, un peu resserré à la base que termine une petite queue droite, lisse, luisante, noire; pattes noires, cuisses antérieures renflées, les quatre ailes blanches, de la longueur de l'abdomen, à bords garnis d'une longue frange de poils.

Il prend sa nourriture au moyen d'un suçoir formé de trois soies qui sortent d'une fente située sur la tête.

On lit dans le *Farm Insects* de Curtis les observations suivantes, communiquées par Kirby (1) à Marsham : « J'ai examiné un grand nombre d'épis dans lesquels se trouve cet insecte à tous ses états, entre la valve intérieure de la corolle et le grain. Il se tient dans le sillon longitudinal du grain dans le bout duquel il semble enfoncer son bec; il suce probablement la sève sucrée qui gonfle le grain, et, en le privant d'une partie de cette sève nourricière, il le fait se contracter et devenir ce que les fermiers appellent *pungled* (raccorni). Si votre correspondant de l'Hertfordshire entend parler du même insecte, il se trompe en assurant qu'il ne gâte qu'un grain. J'ai vu moi-même des épis dont le quart des grains étaient détruits ou matériellement attaqués. Ce qui est singulier, c'est que lorsque j'en trouvais deux sur le même grain, l'un était ailé et l'autre aptère, formant les deux sexes. J'ai ren-

(1) Kirby, célèbre entomologiste anglais.

contré une grande espèce (*Thrips aculeata*) sur laquelle j'ai fait la même observation. »

La larve du *Thrips physapus* est jaune ; elle a six pattes qui, avec la tête et les antennes, sont noires et blanches ; quelquefois elle est entièrement jaune, elle est agile, et, lorsqu'on enlève le grain qui la porte, elle s'échappe aussitôt. La nymphe est blanchâtre avec les yeux noirs et les ailes apparentes, elle est très lente et paresseuse dans ses mouvements. On voit souvent une poudre de couleur orange dans les grains sur lesquels l'insecte a été trouvé ; ce sont, croit-on, ses excréments.

Tous les fermiers que M. Goureau a consultés s'accordent à dire que les blés les derniers semés sont les plus exposés aux dégâts de cet insecte, tandis que les premiers faits en souffrent peu ou point du tout, ce qu'il regarde comme très probable, parce que le blé parvenu à une certaine dureté (ce qui arrive aux premiers semés) n'est plus susceptible de se crisper. Linné dit de cet insecte *qu'il rend vide les épis de seigle*.

Voici, d'après M. Curtis, la description de ce Thrips :

Thrips cerealium (Haliday) ; **Thrips physapus** (Kirby). — La larve et la nymphe sont semblables de forme à l'insecte parfait, mais plus petites. La larve est d'un jaune foncé avec deux taches brunes sur le prothorax ; les antennes et les pattes sont alternativement cerclées de pâle et de brun. La nymphe est d'un jaune pâle, avec les antennes, les pattes, les fourreaux des ailes blanchâtres, cette dernière couleur atteignant le milieu de l'abdomen ; les yeux sont d'un rouge brun. L'insecte parfait est lisse, luisant, couleur de poix, quelquefois noir, déprimé, d'une longueur de 1 millimètre et demi. Le mâle est aptère et la femelle ailée.

La tête est tronquée, convexe en dessus avec un sillon au milieu; les yeux sont écartés, ovales, latéraux; le cou n'est pas contracté; les antennes, insérées devant les yeux, sont plus longues que la tête, filiformes, de neuf articles; la face est obliquement inclinée en bas, terminée par les *trophi* qui forment une sorte de bec, lequel se termine aux hanches antérieures; le thorax est presque carré, quelquefois un peu plus étroit en devant, avec quatre points imprimés, deux de chaque côté; l'écusson est court, un peu lunulé: l'abdomen est long, étroit, lisse, composé de neuf segments; l'extrémité est ovée ou conique, garnie de soies; le dernier segment est armé de deux épines latérales chez le mâle, et pointu chez la femelle, les quatre ailes sont aussi longues que le corps, étroites, horizontales, incombantes et parallèles dans le repos, mais courbées en dehors et ne se rencontrant pas; les supérieures sont coriaces, brunes, avec la base pâle, ciliées, de longs poils, ayant trois nervures longitudinales; les inférieures sont un peu plus courtes, membraneuses, transparentes et également ciliées; les pattes sont écartées, les antérieures très courtes et robustes chez la femelle; les tibias antérieurs couleur de paille dans le même sexe, avec une protubérance sur les côtés et un crochet courbé à l'extrémité; les autres sont simples, les tarses très courts, de couleur paille, biarticulés, terminés par une glande.

Cette espèce paraît différente de celle qui a été observée à Santigny, par la couleur de la larve et par la description de l'insecte parfait.

M. Curtis dit qu'il a souvent observé ces insectes courant sur la tige et sur les épillets du blé, en grand nombre, en compagnie de la Cécydomye du froment, pendant le mois de juin et en compagnie du Puceron du blé, pendant le mois d'août. Il ajoute qu'en ouvrant la feuille qui enveloppe la tige de l'orge pour rechercher le *Chlorops* de cette céréale ainsi que ses parasites, il a rencontré des groupes de larves oranges et des Thrips noirs à l'état parfait ; les premières se trouvaient aussi dans les épis au milieu des grains qui commençaient à paraître.

On voit quelquefois des Thrips en nombre prodigieux de la même espèce posés sur des roses ou sur d'autres fleurs ; on les voit aussi voler en essaim sur les pêchers et autres fruits en espaliers, sur les melons, sur les châssis, etc.

PHYLLOXERA VASTATRIX

(Phylloxera de la vigne).

Le Phylloxera vastatrix est un insecte de l'ordre des hémiptères, découvert en France sur les racines des vignes par M. Planchon en 1868. Cet insecte, muni d'un suçoir, porté sur six pattes à plusieurs articles, présente un corps arrondi en avant, atténué en arrière, partagé en segments par des sillons transversaux, dont les premiers portent six, les suivants quatre rangées de petits tubercules. La tête se replie un peu en dessus du corps ; elle porte sur les côtés deux yeux bruns, composés de trois facettes.

L'existence de ces organes de vision dénote un animal qui, bien que souterrain d'habitude, peut avoir besoin de venir à la surface du sol et de se diriger à la lumière du jour. En avant, sont deux fortes antennes, organes de l'odorat et de l'ouïe. Elles ont trois articles, les deux premiers gros et courts, le dernier en massue allongée, ridée en travers, l'extrémité taillée en biseau oblique.

Une trompe assez grêle, ou bec, ou rostre, formée en réalité de quatre articulations, se recourbe plus ou moins obliquement sous la tête. On y reconnaît le suçoir de la punaise. Le premier tiers de ce suçoir entre dans l'écorce de la racine de la vigne.

Tel est l'aspect général d'un phylloxera ; on distingue dans les phylloxeras : 1° des femelles ailées ou sans ailes, pondant des œufs sans le concours des mâles ; 2° des femelles sans ailes, qui pondent aussi des œufs, mais après leur accouplement avec des mâles également ment privés d'ailes.

Le portrait que nous venons de donner du phylloxera est celui du phylloxera sédentaire sans ailes. Ce sont eux qu'on trouve pendant toute la belle saison sur les racines des vignes malades, ils détruisent les racines qui, souvent, paraissent couvertes d'une poussière jaune ; ils tachent en effet en jaune. Il ne faut pas rechercher ces insectes sur les racines des vignes les plus malades, mais sur celles dont les feuilles sont encore vertes et saines, où la sève peut leur fournir un aliment.

La femelle sans ailes pond autour d'elle des petits tas d'œufs ellipsoïdes jaune soufre, puis grisâtres et enfumés. Au bout de huit jours sort de ces œufs une larve qui ressemble, sauf la taille, à la mère pondeuse.

Larves. — Les petites larves sont d'un jaune un peu verdâtre et ont les pattes, les antennes et la trompe relativement plus grandes que chez l'adulte aptère.

Au bout de 3 ou 4 jours, elles se fixent par leur suçoir, à la vigne, elles subissent des mues à mesure qu'elles absorbent les sucs de la vigne, les mues sont au nombre de trois, espacées de 3 à 5 jours, et les jeunes larves sont dépourvues de tubercules saillants, signe de l'état adulte qui a lieu au bout de vingt jours ;

le nombre des générations annuelles se succède, dans le Midi, du 15 avril au 1er novembre, et dans le Libournais et les Charentes à partir de la première quinzaine de mai. On évalue à huit environ le nombre des générations de l'année, ce qui, à 30,000 œufs par mère, donne en octobre une postérité de 25 à 30 millions de sujets pour un seul individu du printemps.

Les femelles sans ailes et sans mâles s'épuisent au bout de 4 ans, leur reproduction s'arrête ; mais malheureusement la nature a prévu cet épuisement. A mesure que la chaleur augmente et que les sujets sans ailes des racines se multiplient et qu'ils ne vont plus pouvoir vivre, un certain nombre prennent des rudiments de fourreaux d'ailes.

Une quatrième mue s'opère ; alors apparaissent sur les côtés du corps deux moignons noirs, fourreaux des ailes supérieures, et en les écartant en dessous, on voit les petits fourreaux des ailes inférieures. Ce sont :

Les nymphes, qui sont plus allongées que *les adultes* sans ailes des racines. De ces nymphes sortiront les phylloxeras ailés qui, du renflement des racines, montent peu à peu au pied du cep.

Une cinquième mue se produit, et *des femelles migratrices* ailées apparaissent, fécondes comme les précédentes, sans le concours des mâles. Elles sont pourvues de quatre grandes ailes claires et irisées. Les antérieures bien plus longues que le corps, un peu enfumées au bout où elles sont larges et arrondies, les postérieures plus étroites et plus courtes.

Ces femelles sont un peu plus grandes que les femelles sans ailes des racines. Leur large tête porte en dessus deux yeux très noirs à nombreuses facettes qui leur permet de reconnaître tout autour d'elles les vignes sur lesquelles elles porteront la désolation. Le corps de ces femelles, vierges ailées, est plus grêle que celui des aptères, les pattes plus longues ainsi que les antennes.

C'est de juillet à septembre qu'on peut apercevoir ces femelles ailées s'abattant en essaims, considérables sur les pampres. Elles sucent les parties aériennes de la vigne, les jeunes feuilles et les bourgeons, au moyen

Femelle ailée de phylloxera
(grossie 100 fois).

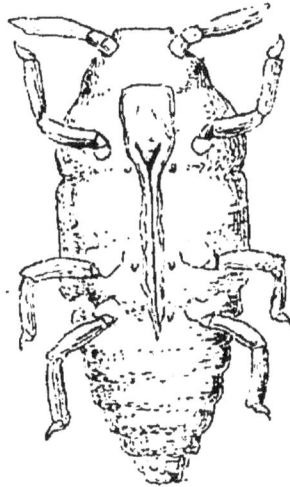

Phylloxera vu en dessous
(grossi 100 fois).

d'un rostre ou suçoir semblable à celui des femelles sans ailes et des larves des racines, mais plus court. Elles ne pondent qu'un petit nombre d'œufs et les pondent dans les duvets des jeunes feuilles et des bourgeons; si la saison est plus avancée, ces femelles ailées se logent sous les écorces en exfoliation du cep et y pondent leurs œufs sans aller sur les feuilles. En outre, par les temps humides et un peu froids, les insectes ailés restent en grande quantité dans les couches superficielles du sol et y déposent leurs œufs.

Les œufs des femelles ailées du phylloxera sont de deux grandeurs, plutôt ovales qu'ellipsoïdes, un peu plus gros que ceux de l'aptère des racines, ils sont blanc jaunâtre, puis ils deviennent d'un jaune plus intense.

Mâle et femelle sans ailes et sans rostre.

Des gros œufs précédents naissent : 1° des femelles sans ailes ; 2° des petits sortant des mâles également sans ailes, ce qui établit une différence complète avec les mâles des Pucerons et ceux des Cochenilles. Ces sèxués ont été observés pour la première fois en 1875, par M. Balbiani.

Sous cette dernière forme, le phylloxera est toujours errant, les mâles et femelles sans ailes courent çà et là sur les ceps. Ils ne vivent que quelques jours, uniquement préoccupés du soin de la reproduction. Ils ne mangent pas, et par conséquent manquent de tube digestif, et au lieu du rostre qui s'étend à la région ventrale des femelles vierges sans ailes et ailées, ils n'ont, le mâle comme la femelle, qu'un tubercule court et aplati, la femelle a le 3ᵉ article des antennes pédonculé, ce qui n'existe ni chez le mâle, ni chez les autres types de cette espèce multiforme.

Ces sexués sont très petits, ce sont de véritables avortons, sauf pour la fonction génitale. Le sexué femelle est plus gros que le mâle. La production d'œufs de cette femelle pourvue d'un mâle est encore bien plus restreinte que celle de la femelle ailée pondant sans le secours du mâle. Elle ne possède qu'un seul œuf énorme par rapport à sa taille, surmonté de sa capsule formatrice. Peu après l'accouplement, elle semble toute gonflée par son œuf et pond cet œuf d'hiver, toujours à l'air et sur le cep, mais entre les exfoliations de l'écorce, fait très important. En effet cet œuf destiné à passer l'hiver eût été gravement compromis, s'il avait été pondu sur les feuilles organes caducs à l'arrière-saison. Cet œuf unique est cylindroïde et arrondi aux deux bouts. En automne, l'œuf d'hiver a 25 à 28 millimètres de long sur 10 à 11 millimètres de large; au printemps suivant 26 millimètres de long sur 16 de large; cet œuf s'est gonflé par le développement de l'embryon qu'il contient.

Bien plus allongé comparativement à la largeur que les trois formes d'œufs des femelles vierges, sédentaires et émigrantes, il n'est pas jaune, mais d'un vert olivâtre avec des piqûres noirâtres. On l'aperçoit très difficilement sur l'écorce du cep, où le fixe un petit crochet. La mère meurt bientôt après la ponte, toute ridée et ratatinée et ayant pris une couleur d'un brun rougeâtre.

C'est encore à M. Balbiani qu'était réservée la belle découverte de l'éclosion de l'œuf d'hiver, qui a lieu au printemps, habituellement au mois d'avril.

Les œufs donnent naissance à des insectes sans ailes, très analogues aux femelles sans mâles, pourvus d'un très long rostre, ayant beaucoup d'œufs à l'intérieur, contenus dans vingt-quatre ovigères.

Ainsi le cycle phylloxérien se trouve donc complet par la triple et consécutive existence des femelles sans mâles, les unes sédentaires et sans ailes, les autres émigrantes et ailées, et des sexués sans ailes, ne mangeant pas.

Que deviennent les femelles, sans ailes et pleines d'œufs, sorties des œufs d'hiver?

Les unes gagnent tout de suite les racines et donnent sans mâle la série des colonies souterraines de dévastation.

D'autres se portent sur les feuilles et font naître, en dessus, des galles en capsules, enfoncées de 2 à 3 millimètres, où se loge une mère pondeuse entourée de ses œufs.

Le phylloxera des galles donne sur les feuilles plusieurs générations sans ailes et rostrées, suçant la sève des feuilles, et on y a même vu, assure-t-on, se produire des nymphes et des femelles ailées de migration.

En général, lors des chaleurs de l'été, les galles des feuilles de nos vignes se dessèchent et leurs insectes meurent ou bien descendent aux racines.

En hiver, les mères pondeuses et les œufs disparaissent quand la température extérieure s'abaisse normalement par l'effet de la saison à 10° et au-dessous. Seules, de jeunes larves persistent, mais tombent en torpeur et restent fixées aux racines, aplaties, ridées, brunâtres, ne prenant pas de nourriture ; leur petitesse, leur couleur se confondant avec celle de l'écorce entre les fentes de laquelle elles se fixent, les rendent difficiles à apercevoir.

Au printemps, à une époque pouvant varier du 15 avril au 15 mai, elles se renflent d'abord, signe qu'elles ont aspiré de nouveaux sucs, puis de leur peau fendue le long du dos sortent des larves jaunes et dodues dont la peau jaune et molle doit être impressionnable par absorption aux agents toxiques.

Symptômes de la maladie phylloxérienne. — Partout on a observé la même marche. Le phylloxera introduit dans une vigne se multiplie sur les racines sans affecter visiblement au début la végétation des ceps.

Puis les racines pourrissent sous l'influence des piqûres du puceron, l'affaissement des vignes contami-
nées s'accuse par l'arrêt de la végétation, le rabougris-
sement des tiges et la teinte jaunissante des feuilles.
Une partie du vignoble attaqué présente alors l'aspect
d'une tache généralement plus marquée vers le centre
par le dépérissement des plantes et même par la mort
de quelques ceps. Ce développement des premières
taches est le plus généralement d'une excessive len-
teur. Pendant plusieurs années, la tache peut ne paraître subir qu'un accroissement sans importance, et
c'est précisément les lenteurs de ce développement
qui font croire si souvent aux propriétaires que la
maladie est sans gravité et que des circonstances par-
ticulières les protègent contre la dévastation rapide
qui est le caractère plus connu du fléau.

Mais pendant cet accroissement lent des premières
taches, les essaimages nés, chaque année, des générations successives d'insectes disséminent la maladie
dans un rayon considérable autour d'elles. Alors commence la dévastation proprement dite.

Les racines. — Les radicelles attaquées se gonflent
sans cesser de s'allonger et prennent l'aspect de renflements fusiformes d'abord d'un jaune blanchâtre.

Puis les renflements flasques et noirâtres tombent
en poussière et l'insecte pour se nourrir gagne la surface des petites racines, enfin celle des grosses. Cette
surface devient raboteuse et noueuse. Le bois de la
racine, au lieu de demeurer blanc, prend une teinte
d'un rouge violacé. C'est le plus souvent à l'extérieur
de l'écorce que sont les insectes.

Quand un vignoble est très attaqué et qu'une chaleur intense jointe à la sécheresse favorise la croissance
et la propagation de l'insecte, des ceps isolés et su-

perbes présentent tout d'un coup l'altération des feuilles. Alors le mal est foudroyant et les racines sont criblées de phylloxeras.

MOYENS DE DESTRUCTION.

Le phylloxera a détruit plus de 859,000 hectares de vignes, 642,000 hectares sont envahis et menacés d'une mort prochaine. Après avoir dévasté les vignobles productifs du Midi, l'insecte s'attaque maintenant à nos grands crus.

Le phylloxera a envahi aujourd'hui presque tous les départements vinicoles ; seul le vignoble de la Champagne paraît être encore indemne.

Les moyens de destruction qui ont été employés contre le phylloxera peuvent être divisés en deux groupes suivant qu'ils s'appliquent aux insectes souterrains ou à l'œuf d'hiver.

Destruction de l'insecte des racines.

Procédés mécaniques. — Submersion. — C'est un agriculteur de Graveson, M. Louis Faucon, qui a eu le premier l'idée de la submersion, c'est-à-dire de détruire le phylloxera en le noyant après les vendanges, au moment du repos de la végétation. En été, la mort arriverait beaucoup plus tôt, mais la submersion pourrait être difficile et nuire à la vendange, surtout dans la saison de la sève. On opère donc en hiver, quand cela est possible, soit par une saignée à un cours d'eau, soit, si la valeur du cru permet cette dépense, en installant une machine élévatoire, *pompe, noria,* ou *spirale* d'Archimède, pompe rotative de Gwynne mue par une machine à vapeur pour élever l'eau destinée à la submersion. A l'aide de bourrelets de terre on maintient au-dessus du sol du vignoble quelques centimètres d'eau.

M. Faucon amena l'eau dans son terrain divisé en petits compartiments bordés par des levées de terre et l'y laissa quarante jours, Mais comme cette eau, en se retirant, emporte une partie de la fécondité de la terre, il ajouta de l'engrais au sol, et la troisième année de ce traitement, il obtint 869 hectolitres de vin, c'est-à-dire, presque autant qu'avant l'apparition du phylloxera.

D'après les évaluations de M. Barral, dans sa conférence sur le phylloxera, la dépense totale pour un hectare de vigne ne s'élève pas à plus de 250 francs, et comme on obtient par hectare 60, 80 ou même plus de 100 hectolitres de vin à 30 francs, on arrive facilement à 2000 et 2500 francs de produit brut. Peu de natures de récoltes donnent de pareils produits; ce sont de magnifiques résultats. Aussi tous les agriculteurs du Midi, du département de l'Hérault surtout, demandent à grands cris qu'on construise le canal dérivé du Rhône.

L'ensablement, c'est-à-dire l'apport du sable autour des vignes, ne peut guère réussir que quand on a le sable à proximité du vignoble, de plus il faut un déchaussement de la vigne considérable, c'est très coûteux. Mieux vaut planter la vigne dans les sables, comme à Aigues-Mortes.

Le tassage de la terre autour des ceps pourrait être essayé pour prévenir l'invasion ou retarder ses progrès.

Procédés chimiques ou toniques. — MM. Gastine et Couanon, délégués régionaux du ministère de l'agriculture contre le phylloxera ont, dans l'ouvrage qu'ils viennent de publier sur l'emploi du sulfure de carbone, émis sur les traitements insecticides les principes suivants :

Imprégner toutes les parties du sol dans lesquelles se développent les racines d'une substance toxique capable d'atteindre uniformément les insectes et d'en débarrasser le végétal sans l'altérer : tel est le problème que doit résoudre un traitement insecticide. Pour toute personne connaissant le phylloxera, ce but ne saurait être atteint que par l'emploi de vapeurs ou de gaz délétères, susceptibles de pénétrer la couche arable et de surprendre ainsi l'insecte souterrain dans toutes les parties de son habitat.

Le seul gaz toxique dont l'usage soit réellement recommandable est le sulfure de carbone introduit dans le sol soit directement, soit indirectement, préconisé d'abord par M. le baron Thénard.

Pour remplir ce but, on peut employer deux appareils différents : le pal injecteur, ou l'injecteur à traction.

Le pal injecteur de M. Gastine est un instrument portatif qui se compose d'un réservoir cylindrique terminé par un tube perforateur. Au-dessus du réservoir deux manches permettent de saisir le pal pour l'enfoncer dans le sol. Une pompe hydraulique placée à l'intérieur du réservoir et dont la tige du piston dépasse le haut du récipient, entre les manettes, sert à projeter dans le sol avec force, par l'extrémité du tube perforateur, les quantités choisies et exactement dosées.

Le travail de l'opérateur se réduit à cette manœuvre :

1° Enfoncer le pal dans le sol ; 2° appuyer vivement sur la tige du piston ; 4° retirer le pal du sol ; 4° boucher immédiatement avec force le trou fait par l'instrument.

Dans la pratique, pour accélérer le travail, chaque ouvrier porteur d'un pal est généralement suivi d'un aide qui bouche les trous avec une barre de bois terminée par une masse en acier.

Pour changer les doses de sulfure de carbone, il suffit de réduire ou d'augmenter la longueur de la course du piston au moyen de bagues qu'on enfile sur la tige de cette pièce.

L'injecteur à traction est un appareil qui convient plus particulièrement au traitement des vignobles plantés en alignements réguliers pour la culture à la charrue.

Le réservoir du pal contient 4 kil. 450 de sulfure de carbone, soit environ la quantité nécessaire à 633 trous, travail d'un tiers de journée.

On emploie depuis 180 jusqu'à 350 kilogrammes de sulfure de carbone à l'hectare suivant les conditions très différentes des terrains : profondeur, perméabilité, état hygrométrique, etc.

Il ne faut jamais réduire le nombre des trous d'injection à moins de 2 par mètre carré, on peut le porter jusqu'à 3 et 4. Dans les traitements réitérés, on atteint quelquefois le nombre de 5.

La moyenne de deux à trois trous d'injection par mètre a produit des effets insecticides très complets dans les sols d'une perméabilité ordinaire.

La dose de sulfure par trou peut varier entre 5 et 10 grammes par mètre. On trouvera dans l'ouvrage de MM. Gastine et Couanon toutes les indications nécessaires pour cette opération. On verra également qu'un traitement moyen exécuté à des doses variant entre 200 et 250 kilogrammes de sulfure de carbone à l'hectare, à raison de 25 à 30,000 trous d'injection pour la même surface, coûte, tous frais compris, 150 à 200 francs l'hectare.

M. Rohart a préconisé l'emploi de cubes formés de gélatine, contenant, par émulsion, du sulfure de carbone. Enfouir dans le sol la gélatine : l'humidité avec laquelle elle entre en contact la ramollit, la liquéfie graduellement et laisse évaporer peu à peu le sulfure de carbone qu'elle contient, de manière à détruire les phylloxeras qui sont autour des cubes.

M. Dumas a proposé l'emploi du sulfocarbonate de potasse formé par la combinaison du sulfure de carbone avec le sulfure de potassium. Introduit en dissolution dans le sous-sol, il laisse dégager peu à peu de l'acide sulfhydrique et du sulfure de carbone agissant tous deux sur le phylloxera, surtout le sulfure de carbone, et il reste dans le sol du carbonate de potasse restituant de la potasse à la vigne épuisée.

M. Moillefert a été le principal propagateur de ce mode de traitement. Mais la grande difficulté, c'est l'emploi de l'eau nécessaire pour imbiber le sol.

Pour chaque mètre carré on verse 40 à 50 grammes de sulfocarbonate dans 10 à 15 litres d'eau par mètre carré suivant la porosité et l'humidité du sol.

Le prix de revient est, en moyenne, de 234 francs par hectare; on peut opérer sans danger en toute saison, 300 kilogrammes de sulfocarbonate de potasse appliqués à un hectare mettent dans le sol une excellente fumure potassique qu'on peut évaluer à une valeur de 50 francs.

Destruction de l'œuf d'hiver aérien. — La découverte de l'œuf d'hiver est importante. Car si l'on détruit cet œuf, comme la fécondité des générations souterraines s'épuise si elles ne sont pas renouvelées par les sujets issus de l'œuf d'hiver, on complètera de la façon la plus efficace les traitements souterrains précédemment enseignés.

Plusieurs méthodes peuvent être mises en usage pour détruire l'œuf d'hiver, et d'abord le gant saboté à mailles d'acier, pour décortiquer les ceps. Il faut avoir soin d'enlever toutes les écorces et de les brûler.

L'ébouillantage des ceps, pareil à celui qui s'exécute pour la Pyrale de la vigne, peut être aussi conseillé.

Et enfin le badigeonnage des ceps.

M. Balbiani, dans son rapport au ministre sur les moyens de détruire le phylloxera par la suppression de l'œuf d'hiver, a préconisé l'emploi des badigeonnages des ceps à la fin de l'hiver. Cette opération doit avoir lieu en février pour la région du Midi, et en février-mars pour les autres contrées de la France.

Le mélange le plus convenable consiste en :

Huile lourde......................	20	parties.
Naphtaline brute.................	30	—
Chaux vive......................	100	—
Eau	400	—

La chaux, en se desséchant, forme un enduit qui reste adhérent sur l'écorce et retient la naphtaline et l'huile lourde qui agissent non seulement par leurs vapeurs, mais aussi par contact direct en imbibant les écorces. Sur les vignes âgées, il suffit de quatre à cinq jours pour tuer les œufs, mais sur de jeunes vignes, les écorces étant plus serrées, l'action demande une durée plus longue.

On obtiendrait facilement des mélanges plus énergiques et plus rapides en augmentant la proportion d'huile lourde ou de naphtaline et en diminuant celle de l'eau qui sert de véhicule, tel est le mélange suivant :

Huile lourde......................	30	parties.
Naphtaline brute................	30	—
Chaux vive......................	100	—
Eau	300	—

On trouve l'huile lourde et la naphtaline dans toutes les grandes usines à gaz.

L'huile lourde vaut de 10 à 15 francs les 100 kilos, et la naphtaline brute 5 à 10 francs. La chaux grasse est la plus convenable.

La naphtaline est fusible à 79 degrés ; vous la mélangerez à l'huile lourde dans la proportion de 20 parties d'huile pour 30 de naphtaline dans un chaudron, par exemple, et vous mettrez le vase sur un feu de coke ou de charbon de terre, afin d'éviter toute mauvaise chance d'enflammer le liquide. Avec cette simple précaution, il n'y a aucun danger à craindre, tandis que si on mettait chauffer cette préparation sur un feu de bois à longue flamme, il pourrait arriver, comme avec le goudron, que le mélange prît feu et dégageât des torrents de fumée noire et épaisse. Et au surplus, l'accident arrivât-il, vous en seriez quitte pour culbuter la marmite et éteindre le feu avec de la terre. Mais encore une fois, ce fait ne peut se présenter que par suite d'une négligence excessive.

La naphtaline étant fondue, vous procéderez comme l'a indiqué M. Balbiani.

COCHENILLE DE LA VIGNE

(Coccus vitis).

Cet insecte, de l'ordre des Hémiptères, appartient à la famille des Gallinsectes, qui est caractérisée par un corps ovalaire, aplati, ordinairement aptère, au moins chez la femelle; par des antennes sétacées,

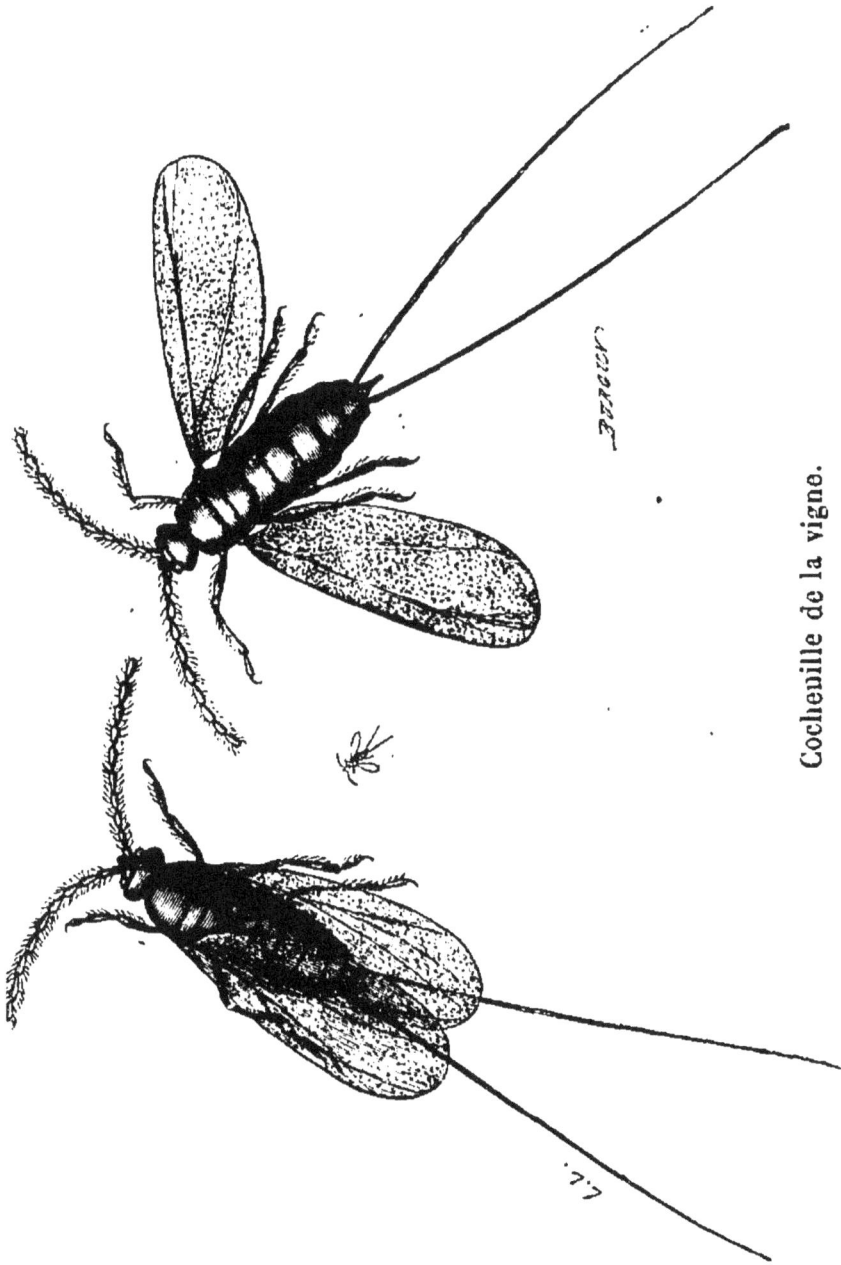

Cochenille de la vigne.

composées de 9 à 16 articles, et par des tarses de 2 ou 3 articles. Ces insectes se fixent aux plantes pour en absorber la sève à l'aide de leur bec qu'ils enfoncent

10*

dans les tissus du végétal à la manière des Pucerons.

Le Coccus de la vigne est long de 2 à 3 millimètres et entièrement grisâtre; il sécrète par les pores de sa peau, comme tous les insectes de la même famille, une matière cotonneuse et blanche dont il se recouvre en totalité. Ces insectes se fixent au tronc et aux branches en enfonçant leur bec entre les fissures de l'écorce, de manière à la traverser; ils hument ainsi la sève de la vigne et, lorsqu'ils sont nombreux, ces piqûres amènent des exubérances considérables, qui font bientôt périr les ceps.

MOYENS DE DESTRUCTION.

On pourrait détruire une partie de ces insectes en raclant les cavités ou en les nettoyant avec un mélange de savon noir, d'eau et d'essence de térébenthine.

CERCOPIS ÉCUMEUX

Citons en terminant les Hémoptères, le Cercopis écumeux (*Cercopis spumaria*) appelé aussi Tétigone écumeuse.

On le reconnaît à sa couleur noirâtre cendré : élytres ayant chacune deux taches blanches formant un angle près du bord extérieur. Il nuit beaucoup à la végétation de la luzerne, quand ses larves sont abondantes.

Ces larves vivent aux dépens de la sève de la luzerne qu'elles absorbent sur la tige ou les feuilles. Elles se garantissent du soleil en se couvrant le corps d'une liqueur écumeuse et blanche (écume printanière) crachat de grenouilles. Elles sont blanches verdâtres.

On les détruit en fauchant et faisant les luzernières avant le complet épanouissement des fleurs.

HYMÉNOPTÈRES

CÈPHE PYGMÉE

(Cephus pygmæus).

Le Cèphe est un Hyménoptère de la tribu des Tenthrédiniens, remarquable par la jonction intime de l'abdomen avec le thorax, par une double tarière mobile, écailleuse, dentelée en scie, pointue, et logée entre deux autres lames qui lui servent d'étui, et forme un caractère spécial. C'est en considération de cette structure que Latreille donnait à cet insecte le nom de *Porte-scie*. Les femelles se servent de cette tarière pour fendre les tiges, dans lesquelles elles déposent un œuf, répandant en même temps une sorte d'écume, à laquelle on attribue la propriété d'empêcher l'ouverture de se fermer. Ces entailles augmentent promptement de volume et forment, dans certains cas, des excroissances qui servent de domicile aux larves. Cependant, la plupart des Tenthrédiniens vivent dans leur premier état à découvert sur les végétaux et se nourrissent de leurs feuilles ; ils ressemblent beaucoup aux chenilles par leurs formes et par leurs couleurs, mais leurs pattes membraneuses sont en nombre plus considérable, de 14 à 16, tandis que chez les Chenilles on n'en compte jamais plus de 10. Ils sont au reste, en général, pourvus, comme ces dernières, de trois paires de pattes écailleuses (c'est ainsi qu'on appelle les pattes articulées appartenant seulement aux trois premiers anneaux du corps et qui représentent les six pattes de l'insecte parfait). Il faut noter ce fait que des larves d'Hyménoptères sont pourvues d'organes de locomotion, ce qui leur permet de marcher de feuille en feuille pour chercher leur nourriture. Le nom de fausses chenilles,

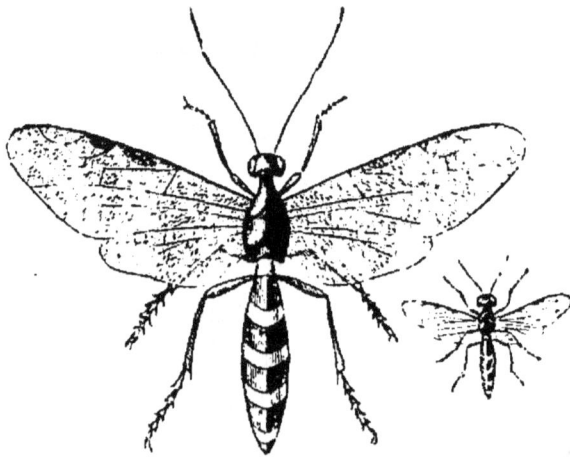

Cèphe pygmée, grossi et grandeur naturelle.

qu'on leur a appliqué, leur convient réellement très bien. Plusieurs se roulent en spirale et d'autres se relèvent le corps en forme d'arc quand on les inquiète. Pour se métamorphoser en nymphes, les larves se filent une coque soyeuse soit dans la terre, soit sur les plantes où elles ont vécu. Ce qu'il y a de remarquable dans la métamorphose de ces Hyménoptères, c'est que leurs larves, après s'être enfermées dans leurs cocons, y demeurent souvent fort longtemps, quelquefois même y passent l'hiver, avant de subir leur transformation en nymphes ; l'insecte parfait éclôt toujours très promptement après ce dernier changement.

Le groupe des Céphites est distinct entre tous les autres Tenthrédiniens par de longues antennes multiarticulées, ordinairement épaissies à l'extrémité. Le genre principal, celui des Cèphes, est peu nombreux en espèces; toutes sont européennes; leurs larves sont molles avec des pattes écailleuses, leur corps acuminé à l'extrémité, les divers anneaux du corps

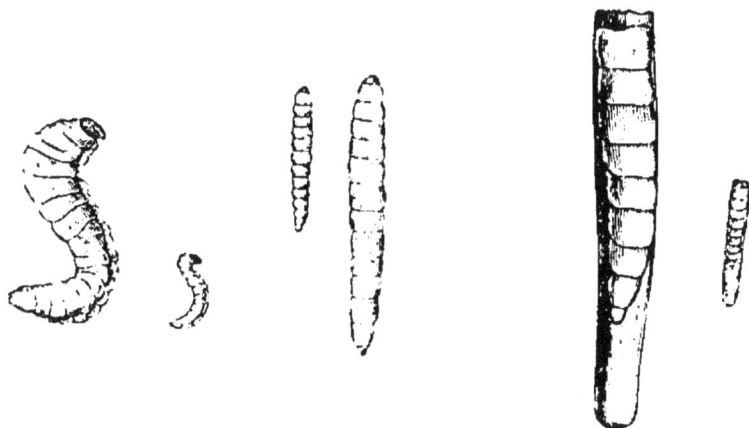

Larves du Cèphe pygmée, grossies et grandeur naturelle.

Nymphe du Cèphe pygmée renfermée dans son tube, grossie et grandeur naturelle.

privés de pattes membraneuses. Ces larves vivent dans l'intérieur des tiges.

M. Herpin a étudié avec succès les métamorphoses du Cèphe pygmée. Déjà, en 1819, un agronome instruit, du département du Loiret, M. Dugaigneau, faisait connaître, dans le tome Ier des *Annales de la Société des sciences, belles-lettres et arts d'Orléans*, les métamorphoses de cette espèce et les altérations qu'elle produit dans le froment, et le comte de Tristan donnait à la suite de M. Dugaigneau une notice entomologique très bien faite, en rapportant l'espèce observée par cet agronome au *Cephus pygmæus* des auteurs. Voici un extrait de l'article de M. Dugaigneau cité par M. Guérin-Méneville dans ses notices entomologiques:

« Ayant arraché, au moment de la récolte, une quantité de pieds de seigle, M. Dugaigneau trouva dans le chaume des larves blanches du Syrex. Après l'hiver rigoureux de 1812 à 1813, il voulut voir si les larves avaient péri, il arracha des chaumes et il les trouva vivantes. Elles n'avaient nullement souffert. A la fin de mars, il y en avait déjà beaucoup de transformées en chrysalides et plusieurs étaient écloses dans les premiers jours d'avril.

A la suite de ces observations, M. le comte de Tristan a donné une description du *Syrex pygmæus* (Lin.), insecte qui a ravagé les seigles de la Sologne en 1811 et 1812.

L'auteur se borne à bien faire connaître l'insecte observé par M. Dugaigneau. Il établit sa synonymie, et donne une bonne description de la larve.

Depuis ce travail, qui est resté ignoré des entomologistes, la larve du *Cephus* a été signalée plusieurs fois, et, entre autres, dans le département de la Charente, sous le nom d'*Aiguillonier*. MM. Dagonet et Herpin ont suivi avec soin les métamorphoses du Céphe.

M. Guérin-Méneville a démontré le côté intéressant que présente au point de vue entomologique la larve du Cèphe pygmée; elle établit un passage entre les Porte-Scie et les Pupivores. Elle est apode et très différente de toutes celles des Tenthrédines, qui ont toujours six pattes thoraciques et, dans le plus grand nombre, de douze à seize pattes membraneuses. Comme celles-ci, elle se nourrit de la substance des végétaux, mais au lieu d'être très active, de pouvoir marcher sur ces végétaux et ronger leurs parties externes, elle est destinée à vivre dans l'intérieur des plantes, elle ne jouit que de facultés locomotives très limitées, n'ayant pas de pattes et ne pouvant que monter et descendre dans un tube en s'appuyant entre les parois, au moyen des segments de son corps.

Trompé par ce caractère anormal qui la distingue de toutes celles des Hyménoptères porte-scie, *l'absence des pattes*, M. Dagonet, qui l'avait signalée en 1839, n'avait pu penser qu'elle dût produire une Tenthrédine. Sachant d'un autre côté que toutes les larves des Pupivores sont carnassières, les habitudes phytophages qu'il lui avait reconnues l'empêchaient de la ranger dans cette catégorie et il ne lui avait trouvé de rapports qu'avec certaines larves de diptères tipulaires.

Cette larve, complètement développée, a une longueur de 14 millimètres et une largeur de 2 millimètres, elle est un peu épaissie vers l'extrémité antérieure, à peu près cylindrique, d'un blanc laiteux un peu jaunâtre, d'une consistance presque cornée et d'une couleur rougeâtre pâle. Elle offre, de chaque côté, une petite antenne très courte, conique, composée de quatre articles peu distincts, au-dessous de laquelle on aperçoit un petit œil rond. La lèvre supérieure, ou labre, est arrondie, membraneuse, et ne couvre qu'en partie les mandibules ; celles-ci prennent leur insertion latéralement, elles sont presque cornées, de forme carrée, tronquées au bout et offrant à cette extrémité plusieurs dentelures, dont les deux latérales sont les plus fortes. Les mâchoires situées immédiatement au-dessous de ces organes sont moins solides, de forme également carrée, moins larges ; leur lobe interne est un peu arrondi et cilié à l'angle supérieur et en dedans. Il y a au côté externe, et en arrière de celui-ci, au côté antérieur, une petite palpe conique formée de trois ou quatre articles peu distincts.

La lèvre inférieure est assez épaisse, transversale, un peu échancrée au bord antérieur ; elle porte, de chaque côté, une petite palpe conique, très large à la base et composée de trois articulations. Les trois segments du thorax sont à peu près de la même largeur, pliés en dessus et en dessous, sans pattes, mais offrant à leur partie inférieure des plis qui circonscrivent des espèces de mamelons destinés à remplacer les pattes. Les autres segments du corps sont semblables aux précédents, mais ils vont un peu en diminuant de largeur, et les bosselures du dessous sont un peu moins marquées. Le dernier segment est terminé par un petit appendice tubuleux susceptible de s'allonger comme un tuyau de lorgnette et qui doit servir à l'insecte à se pousser en avant.

M. Guérin-Méneville déclare ne pas avoir vu la nymphe, mais elle doit se métamorphoser dans la coque transparente que la larve se construit.

Vers la fin de mai, ou lorsque le seigle, le blé commencent à épier et avant la floraison, les larves se métamorphosent et donnent naissance à une mouche à quatre ailes du genre *Syrex* (Linné, Coquebert de Montbret), *Cephus* (Fabricius et Lepelletier de Saint-Fargeau). Cette mouche se répand dans les champs ensemencés en blé ou en seigle, et dépose un œuf sur la tige de la céréale, immédiatement au-dessous de l'épi.

Si alors on traverse un champ de blé ou de seigle, huit ou quinze jours avant la moisson, on remarque un nombre plus ou moins considérable de tiges qui portent des épis blancs et droits, qui s'élèvent au-dessus des autres et paraissent avoir atteint leur maturité. Ils offrent un contraste frappant avec les plantes voisines qui sont encore vertes et dont les épis remplis de grains sont courbés vers la terre, tandis que les autres sont vides ou ne contiennent qu'un petit nombre de grains, maigres et déformés. Voici à quoi cela tient :

Le cèphe, après son accouplement, pique le tuyau du seigle au-dessous du premier nœud pour déposer dans son intérieur un œuf qui doit éclore d'autant plus promptement que le soleil est plus ardent. La petite larve qui sort de cet œuf se nourrit de la partie intérieure de cette paille, des sucs nutritifs de la sève qui doit former les grains de l'épi ; bientôt elle acquiert assez de force pour être en état de perforer les nœuds de cette paille, passe au travers et monte plus ou moins haut dans l'intérieur. Elle redescend ensuite et arrive au pied de la paille lorsqu'elle a atteint tout son développement ; alors elle scie cette paille à fleur de terre avant et même au moment de la maturité du grain.

Elle se construit dans l'intérieur du chaume un fourreau soyeux, transparent, où elle se renferme et passe l'hiver, après avoir eu toutefois la précaution de couper circulairement la paille en dedans à 18 ou 14 millimètres environ de la terre, afin que l'insecte parfait n'éprouve aucune difficulté à sortir de prison.

Par suite de cette succion, la paille n'ayant plus de soutien se rompt au pied et tombe à terre lorsque le vent devient un peu fort ; alors le champ présente le même aspect que s'il avait été traversé dans tous les sens par des chasseurs ou des animaux.

On peut longtemps encore après la moisson, et

même pendant l'hiver, retrouver la larve renfermée dans les racines du chaume; il suffit pour cela de tirer plusieurs brins de paille restés adhérents aux racines. Ceux qui contiennent une larve se détachent avec la plus grande facilité, parce que la paille est sciée circulairement. En regardant avec attention, on trouve aussi à la même époque, tout près de terre, des étuis très courts de chaume coupés horizontalement où l'insecte est renfermé.

Le dommage occasionné par le Céphe sur le froment et le seigle est assez grave, puisque les épis portés par les tiges attaquées sont généralement stériles, ou ne contiennent qu'un très petit nombre de grains. M. Herpin estime ce dommage à un soixantième environ du total de la récolte.

A diverses époques, en 1867 notamment, cet insecte a ruiné complètement les blés de tout un pays. M. Crussard, qui l'a observé pendant seize années consécutives dans les environs de Neufchâteau (Vosges), dit qu'en 1882 la proportion des tiges attaquées était de un huitième; en 1881, dans certains champs, elle a atteint sept dixièmes et a causé la perte du quart de la récolte.

Traduisant en francs l'importance des dégâts, le même auteur affirme que pour 1882 on peut estimer le dommage à 2,612,000 quintaux représentant 67,300,000 francs. En 1881, la somme se serait élevée à 180,000,000 de francs. Ces chiffres montrent bien l'importance qu'il convient d'attacher à la destruction des insectes nuisibles, partant, à l'étude de leurs mœurs.

Connaissant la manière de vivre de ce petit ennemi du blé, le moyen de le détruire est tout indiqué: c'est le déchaumage et le brûlis des éteules.

Le moyen qui paraît le plus commode et le plus certain pour détruire les larves du Céphe, c'est de mettre le feu aux chaumes restés sur terre après la moisson, puisque les larves s'y trouvent renfermées près des racines. L'incinération des chaumes restés sur terre après la moisson est un des excitants les plus actifs et les plus économiques de la végétation surtout dans les terres fortes et argileuses que le feu dessèche et calcine; elles s'ameublissent et s'amendent tout à la fois par cette opération simple, facile et qui ne coûte rien à exécuter.

Pachymerus calcitrator (parasite du Cèphe) grossi et grandeur naturelle.

Le Cèphe a, de même que le Chlorops, un ennemi mortel dans un grand Ichneumon qui le détruit et le dévore ; il appartient au genre *Ophion* et au sous-genre *Pachymerus* de Gravenhorst. M. Dagonet, qui a décrit cet insecte, l'a rencontré avec des Cèphes, mais il n'y a qu'à le surprendre au moment de sa ponte.

DIPTÈRES

CÉCYDOMIE DU FROMENT

(Cecydomia tritici.)

Quand les épis se dégagent de leur gaîne de feuilles, le matin au lever du soleil, le soir à son coucher et encore aux heures de la journée où l'air est le plus calme, on voit des nuées de très petites mouches, semblables à des cousins. Elles ont reçu des entomologistes le nom de Cécydomies. Leur corps est d'un jaune pâle, un peu plus foncé que la couleur paille; leurs ailes transparentes, lavées de jaune, sont couchées horizontalement sur le dos. Leurs yeux, très grands et saillants, occupent presque toute la tête.

Ces mouches appartiennent à la tribu des Tipulaires ou Tipulides, de la division des Némocères, de l'ordre des Diptères. Elles sont remarquables par la longueur de leurs antennes, qui ont 24 articles chez les mâles, 14 chez les femelles. Leurs ailes sont frangées et présentent trois nervures longitudinales. Elles vont, viennent, tournoient; elles cherchent un lieu sûr pour leurs œufs, dans lequel se rencontrent l'abri et provision de vivres nécessaires à l'accroissement du petit. Munies d'un oviducte rétractile en forme de tarière, elles traversent avec cet instrument le grain de blé à peine naissant, bien qu'il soit défendu par la balle ou écaille, et réussissent à loger dans sa substance un ou plusieurs œufs.

Quelques jours après, de ces œufs sortent autant de petits vers qui vont s'installer entre les glumes des épillets et rongent les rudiments des étamines, des styles, enfin de toutes les parties constituantes de la fleur future.

Si l'on ouvre dans le courant de juillet l'un des épillets à demi attaqué, on découvre au centre même toute la petite famille de la Cécydomie occupée à le ronger. Ce sont de petits vers d'un jaune pâle, qui finissent par prendre la couleur orange. Ils sucent, pour se nourrir, la sève destinée au grain, et, par

Cécydomie du froment, grossie et grandeur naturelle.

suite, empêchent son développement. S'il n'y a que deux ou trois vers dans une case, le grain est maigre, irrégulier, mais du moins il se forme. S'il y en a quinze ou vingt, ils dévorent tout et ne laissent que le vide. Dans certaines années où la Cécydomie sévit, le déficit dans la récolte s'élève jusqu'à la moitié et aux deux tiers.

La larve, qui commence à se montrer vers le 20 juin, a pris tout son accroissement au 15 juillet. Elle sort alors de son berceau et s'élance à terre par un saut brusque et tombe sans se blesser. Elle entre dans le sol, se cache dans un petit trou, s'enferme dans un léger cocon de soie blanche où elle se métamorphose en chrysalide. Elle passe dans la terre l'été, l'automne, l'hiver et devient insecte parfait au commencement de l'été suivant, c'est-à-dire vers le 15 juin. C'est

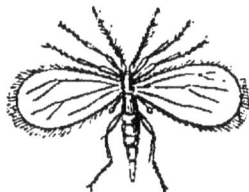

11

une Cécydomie ailée prête à s'accoupler, à pondre et à fournir enfin une nouvelle génération de petits vers.

En temps ordinaire, les dégâts commis par cette mouche passent inaperçus; mais il n'en est pas toujours ainsi. En 1827, elle apparut en si prodigieuse quantité dans toute l'Irlande, qu'elle réduisit à un quart le produit ordinaire de la récolte du froment et occasionna au pays une perte de plusieurs millions.

En France, elle causa d'assez grands ravages en 1853, 1854 et 1855. M. Bazin eut alors l'occasion de l'étudier dans l'Yonne et la Picardie. Il a évalué à 4 millions de francs la perte qu'en une seule année cet insecte a causée à l'état de larve en faisant avorter la fécondation ou les grains fécondés.

La Cécydomie que nous venons de décrire a heureusement un ennemi dans un petit ichneumonide de la famille des *Proctotrupides*, appelé Platygaster de Bosc (*Platygaster Boscii*). C'est un très petit hyménoptère entièrement noir, très reconnaissable à un appendice redressé et recourbé en avant qui porte la base de son abdomen. Il pond ses œufs dans le corps des larves de la Cécydomie qu'il sait trouver dans leur retraite; il en détruit de la sorte une grande quantité. Quand les blés sont couverts de ces petits moucherons on peut être assuré que l'année suivante il n'y aura pas de grands dommages. Les alouettes aussi font une grande consommation de Cécydomies. Un autre ennemi de la Cécydomie est un grand ichneumonien qui pond ses œufs dans les épillets remplis de 20 larves environ de cette tipule. On peut le voir fréquemment posé sur les épis la tête en bas, ayant sa longue tarière enfoncée entre les glumes. Chaque œuf de cet insecte coûte la vie à 20 larves au moins de Cécydomie. Il entre dans le genre Coleocentrus de la tribu des Ichneumoniens, nommé par Gourreau *Coleocentrus spicator*. Si les blés sont déjà envahis par les vers, le mal est sans remède, car on ne connaît encore aucun moyen, et l'on n'en connaîtra probablement jamais, d'atteindre ceux-ci au cœur même de l'épi pour les faire périr. Mais en ce cas, il est nécessaire de prendre certaines précautions pour atténuer autant que possible les pertes que pourrait causer une nouvelle invasion l'année suivante.

La mouche à blé, dit un savant observateur, M. E. Dupont, est délicate et ne peut guère se transporter qu'à quelques arpents de l'endroit qui l'a vue naître, et encore lui faut-il un temps calme. Les champs semés en blé et qui ont déjà été attaqués l'année précédente sont beaucoup plus maltraités que les nouveaux défrichements. Enfin, on a remarqué des quantités prodigieuses de Cécydomies sur des tiges de patates plantées dans un champ qui avait donné du blé l'été précédent ; ces mouches devenaient désormais inoffensives. De là ressort, comme le fait remarquer avec raison M. Joigneaux, l'indication bien précise d'alterner les cultures et même d'éloigner le plus possible le froment des lieux qui ont été précédemment ravagés.

Autre remarque : le blé n'a guère à redouter la ponte fatale que dans les trois jours qui suivent l'apparition de l'épi entre les feuilles. Si donc pendant les trois jours il règne un vent assez fort pour agiter sans cesse les tiges du froment, ou bien s'il tombe une pluie persistante, ou encore si le thermomètre descend pendant la nuit à 8° ou 9° Réaumur et qu'il ne se soit pas élevé pendant la quinzaine précédente au-dessus de 11°; si l'un de ces cas se présente, quelle que soit la quantité des Cécydomies que l'on ait vues dans les champs avant l'épiage, les dégâts seront peu considérables, car la ponte aura été contrariée, et beaucoup d'œufs déposés sur les tiges ou les feuilles produiront des larves qui devront forcément périr faute de nourriture convenable.

L'observation, dit M. Dupont, a encore démontré qu'en reculant ou en avançant le moment de l'épiage de façon à le faire arriver avant le 15 juin ou après le 20 juillet, c'est-à-dire avant ou après le temps pendant lequel apparaît la Cécydomie, on échappe encore aux atteintes de cet insecte.

Donc si l'on redoute la mouche à blé, il ne faut plus semer le grain dans le même champ, ni même dans un voisinage trop rapproché ; en second lieu, il faut faire, s'il est possible, les semailles en avril; enfin il est important que les champs soient nets de mauvaises herbes, qui ne manqueraient point d'offrir des retraites assurées aux mouches.

CÉCYDOMIE DESTRUCTRICE

(Cecidomia destructor.)

Sous le nom de Cécydomie destructrice, M. Cuzin, agriculteur à Guillonnay (Isère), a décrit un insecte analogue à la Cécydomie du froment dont l'aspect général est celui d'un petit cousin; sa longueur est de 3 à 4 millimètres. Sa tête excessivement petite est presque sous le corselet, ce qui fait paraître l'insecte comme bossu. Elle porte deux yeux noirs assez volumineux et deux antennes; ces antennes sont longues de 2 à 3 millimètres, et garnies chez les femelles de 12 à 14, chez les mâles de 18 à 20 articles ronds, plumeux ; le corselet est noir, un peu brillant et porte deux ailes de forme obovale, un peu plus longues que le corps, légèrement teintées de brun et plumeuses ; de plus une touffe de poils rouges est placée à la base de chacune d'elles ; les ailes rudimentaires sont assez larges et parfaitement visibles à l'œil nu. L'abdomen, terminé par un oviducte rétractile jaune, est renflé vers son milieu et composé de six anneaux. La couleur, quand l'animal est bien vivant, est rouge brique, au moins pour le dessous, car le dessus est, comme le corselet et les ailes, recouvert de petites soies brunes qui disparaissent au toucher. Les

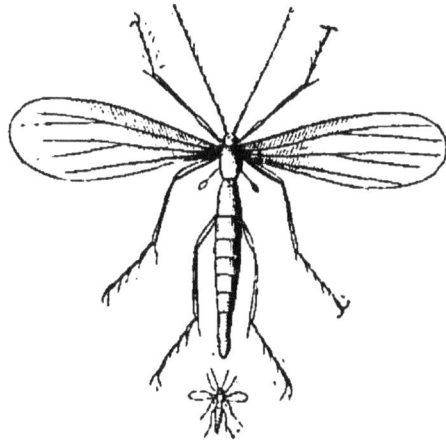

Cécydomie destructrice, grossie et grandeur naturelle.

pattes, aussi de couleur brune, sont, relativement à la grandeur de l'insecte, excessivement longues, comme les jambes et les cuisses ; les larves sont formées de 5 articles.

Ainsi qu'on peut le voir par cette description, dit M. Cuzin, la Cécydomie destructrice a une grande analogie avec la Cécydomie du froment ; elle n'en diffère en réalité que par sa couleur un peu foncée et par quelques autres petits détails, mais s'il n'y a qu'une petite différence pour la forme entre les deux insectes, il y en a une considérable, quant à la manière dont ils ravagent les récoltes.

Cécydomie à l'état de larve et nymphe. — Au mois

d'avril et au mois de mai, les larves de la Cécydomie sont appliquées contre la tige entre le premier nœud inférieur et les racines, mais on ne les trouve pas seulement à cet endroit.

Plus tard, quand les blés sont montés, si l'on prend les tiges très en retard, et qu'on enlève avec précaution toutes les feuilles, on trouve au-dessus de presque tous les nœuds, encore absolument contre la tige, une ou plusieurs larves qui ne tardent pas à faire périr cette petite plante.

M. Cuzin en a trouvé jusqu'à vingt, groupées au-dessus d'un nœud, le troisième d'une tige, et formant une sorte d'anneau. Ces larves de couleur blanche sont longues de 3 à 4 millimètres, et larges de 1 millimètre environ lorsqu'elles sont complètement développées ; elles sont pointues à leurs deux extrémités, sans anneaux sensibles dans les sujets arrivés à leur croissance. Les larves très petites n'ayant qu'un tiers ou un quart de millimètre, qu'on ne peut voir qu'à la loupe, paraissent présenter sept à huit anneaux ; mais pas plus chez ceux-ci que chez les autres, on ne remarque le moindre mouvement. Une seule partie de ces larves paraît avoir un mouvement continu d'ondulation ; c'est la partie verte intérieure qu'on aperçoit par la transparence de l'enveloppe. Elles paraissent dépourvues de tous moyens de locomotion.

D'un côté de la larve, le moins pointu, on voit un très petit point noir ; c'est une bouche très simple sans mandibules ni autres organes propres à couper, un simple appareil de succion, car, comme la larve de la Cécydomie du froment, celle de la Cécydomie destructrice se nourrit en absorbant le suc, sans couper les parties de la plante sur lesquelles elle agit. Malgré cela, elle parvient à s'incruster pour ainsi dire dans la tige au point de la faire casser au moindre choc, c'est ce qui arrive à un grand nombre de tiges, par les pluies et les vents du printemps.

Dans le courant du mois de mai, cette larve se transforme en nymphe, d'une couleur brune, conservant la même dimension. A partir de ce moment, les tiges qui n'ont qu'une ou deux larves, n'ayant plus leur sève arrêtée au passage, reprennent un peu de vigueur, et quelques-unes arrivent encore à donner un mauvais épi, mais la plupart, trop affaiblies pour se relever, se dessèchent vers le haut et pourrissent à la base.

Importance des dégâts causés par la Cécydomie. — Dans l'Isère, les cantons de la Côte-Saint-André, de Saint-Étienne-de-Geoire, du Grand-Lemps et les environs, les meilleures récoltes, celles des coteaux où la terre est plus argileuse, plus forte que dans les plaines, n'ont pas donné la moitié d'une récolte. Dans le canton de Virvien, qui est peut-être avec le canton du Pont-de-Beauvoisin celui qui a été le plus ravagé, et dans la ferme de M. Blanc, la récolte qui est en moyenne de vingt-quatre à vingt-cinq hectolitres a été réduite à quinze ; et là le déficit est dû uniquement aux Cécydomies, car les sainfoins qu'on sème dans les céréales, tout en étant bien venus, n'ont rien d'extraordinaire.

Sous quelle forme peut-on atteindre la Cécydomie ? — Est-ce sous forme d'insecte parfait, sous forme de nymphe ou sous forme d'œufs ? — Voilà trois questions que nous réduisons rapidement à deux, car il est évident que l'insecte parfait, ce petit cousin si fin et si agile, ne peut pas être détruit par un procédé artificiel ; les phénomènes météorologiques seuls peuvent l'atteindre. Mais réduites à deux ces questions n'en sont pas moins suffisantes pour nous jeter dans une grande perplexité, et pour nécessiter de bien difficiles observations.

Destruction des nymphes. — Un moyen de destruction aussi infaillible qu'énergique serait l'écobuage des champs infestés. Tout en étant très pratique, l'opération n'est pas applicable dans tous les cas, ni dans tous les pays. Ainsi dans les chaumes ensemencés en trèfles, sainfoins, etc., et dans certaines terres que l'écobuage rendrait trop friables ou qu'il appauvrirait trop. Avant d'en arriver à un moyen qui sort aussi directement des usages de la plupart des pays et qui demande une main-d'œuvre toute particulière, il faudra que les cultivateurs voient leurs récoltes ravagées plusieurs années de suite par ce même insecte, ce qui n'est pas d'ailleurs chose impossible. Ne sait-on pas, en effet, que la Cécydomie du froment, celle qui attaque les épis, a forcé les cultivateurs de certaines contrées en Amérique, à suspendre la culture du blé pendant plusieurs années de suite? Et certainement un cultivateur non routinier n'hésiterait pas à employer ce moyen, s'il supposait avoir des blés ravagés l'année prochaine, comme ils l'ont été cette année. Il est vrai que l'écobuage, à moins d'être pratiqué un peu généralement, ne sauverait pas complètement les récoltes de celui qui l'emploierait, car les mouches doivent pouvoir se transporter d'un champ à un autre, sans cela la simple alternance des cultures en serait un préservatif efficace; mais à moins d'un temps exceptionnellement favorable, elles ne peuvent aller très loin, et si l'on ne parvenait pas à détruire complètement ces insectes, on en diminuerait de beaucoup les ravages.

Œufs de la Cécydomie. — Ces œufs ont la forme de petits cylindres, ils sont jaune-rouge, longs de 1/2 millimètre et larges de 1/10 de millimètre environ : à peine peut-on les voir à l'œil nu. Les femelles les pondent dans les rainures qui sillonnent longitudinalement la face interne des jeunes feuilles de blé, en général au nombre de deux à la fois, quelquefois trois, puis elles vont sur une autre feuille, et continuent ainsi de feuille en feuille jusqu'à ce qu'elles aient pondu de 100 à 150 œufs, ce qui demande de deux à trois heures. Leur instinct les conduit à ne confier à chaque feuille que deux ou trois œufs, parce qu'un plus grand nombre de larves ferait périr la plante avant l'époque de leur transformation en nymphes, ce qui amènerait leur mort. La vie de ces insectes ne dépasse pas deux à trois jours : les mâles meurent peu après l'accouplement, et les femelles peu après la ponte. Lorsque les femelles n'ont pas été fécondées, elles ne pondent qu'un très petit nombre d'œufs.

Environ dix à douze jours après la ponte, les œufs de la Cécydomie donnent naissance à de petites larves de même couleur et de mêmes dimensions qu'eux. Ces larves abandonnent leurs coques, qui restent attachées à la feuille sous la forme de petites pellicules blanchâtres, et descendent en suivant les rainures de la feuille jusqu'au nœud d'où elle part. Elles s'appliquent alors contre la tige, dans une position qu'elles ont choisie et qu'elles garderont toujours, et commencent à en sucer la sève. Elles conservent la couleur rouge pendant trois à quatre jours, puis elles passent à l'orange, au jaune, et arrivent au bout de huit à dix jours, alors qu'elles ont à peu près un millimètre de longueur, à la couleur blanche et à la transparence qu'elles auront jusqu'à leur transformation en nymphes.

Destruction de la Cécydomie. — On a pu remarquer combien l'éclosion des nymphes et la naissance des insectes se font d'une manière irrégulière. Un moyen consisterait à retarder autant que possible l'époque du semis des blés. En effet, la vie de cet insecte est très courte ; ne serait-il pas possible qu'en retardant l'époque de la levée des blés on arrivât à priver les Cécydomies des feuilles qui leur sont nécessaires pour placer leurs œufs dans un milieu propre au développement de la jeune larve ? On pourrait diminuer ainsi les ravages de la Cécydomie ; mais il ne faudrait pas songer à la détruire complètement par ce moyen, car son efficacité est des plus douteuses. Pour preuve, rappelons l'exemple d'un blé qui n'a, pour ainsi dire, pas vu le jour avant le printemps et qui cependant a été un des plus ravagés. On se demande si les blés de printemps ne sont pas aussi attaqués par la Cécydomie.

Parasite de la Cécydomie destructrice. — M. Cuzin parle d'un parasite de cet insecte qui peut-être se chargera à lui seul de cette destruction. Afin, dit-il, de ne pas me tromper sur les observations que j'aurais à faire sur ces insectes, j'ai renfermé dans de petits tubes de verre, bouchés avec des feuilles de papier percées pour permettre à l'air d'entrer, un certain nombre de pupes prises à la base des tiges de blé. Actuellement, sur une centaine de ces pupes, il est né cinq ou six mouches Cécydomiennes et une dizaine d'autres insectes, très petits, appartenant à l'ordre des Hyménoptères. Ces insectes sont très certainement des Ichneumons de la Cécydomie destructrice ; je n'ai pu déterminer leur nom, mais je suppose

que ce sont les insectes indiqués par les entomologistes comme étant très communs lors de l'éclosion
des larves de la Cécydomie : des *Ceraphron destructor*.
On pourra s'en assurer par la description que je fais
suivre et par les dessins qui l'accompagnent.

L'insecte parasite de la Cécydomie destructrice a
la forme d'une abeille ; sa longueur est de 2 millimètres
à peine ; sa largeur dans la partie la plus développée,
la partie antérieure de l'abdomen, est de 5 millimètres
à peu près. Ses ailes dépassent peu le corps ; elles sont

Céraphon
destructeur.

Betyle fourmi.

Betyle fourmi.

transparentes ; les postérieures sont très fines et fort
difficiles à voir sans loupe. Le corps est de couleur
verte très foncée, un peu brillante sur le corselet et la
tête, très brillante sur l'abdomen. Sa tête est pour
ainsi dire formée de deux yeux rouges bruns, très
volumineux ; elle est rattachée au corselet, ainsi que
l'abdomen, par un lien très fin. L'abdomen est formé
par cinq ou six segments s'emboîtant les uns dans les
autres. Les antennes, longues de 2 millimètres, sont
coudées au tiers de leur longueur à partir de la tête ;
la première partie est jaune dans les deux sexes ; la
deuxième, plus grosse à l'extrémité qu'à la base, est
brune chez les femelles et jaune chez les mâles. Les
pattes sont jaunes, excepté l'extrémité des tarses chez

les mâles et l'extrémité des tarses et les cuisses chez les femelles ; la jambe est jaune dans les deux sexes. Les femelles paraissent un peu plus grosses que les mâles.

Une chose qui n'est pas facile à expliquer, c'est la naissance de ce parasite au mois d'août. En effet, il est bien évident que les larves de la Cécydomie ne se développent pas avant le printemps, et il est non moins évident que ces insectes parasites ne peuvent passer l'hiver à l'état d'insectes parfaits ; pourtant les Ichneumons pondent d'ordinaire leurs œufs dans les larves d'insectes ; il doit y avoir exception pour celles-ci. Attaquerait-il l'insecte parfait? Ou déposerait-il ses œufs sur les œufs des mouches Cécydomiennes ? Cette dernière supposition est la plus vraisemblable.

CHLOROPS LINÉOLÉ

(Chlorops lineata).

Curtis pense que le *Chlorops lineata* est la mouche appelée *Musca lineata* par Fabricius, *Oscinis lineata* par Latreille, *Oscinis pumilionis* par Olivier, *Chlorops nasuta* par Macquart, *Chlorops tœniopus* par Meigen et *Chlorops glabra* par Westwood. Voici les caractères distinctifs du *Chlorops lineata*. Sa longueur est de 3 millimètres, il est jaunâtre, avec des antennes noires; une tache triangulaire noire sur le vertex ; cinq raies longitudinales noires sur le corselet; son abdomen est jaune avec des bandes et deux points bruns à la base ; anus jaune, pattes jaunes, tarses antérieurs noirs, les intermédiaires et les postérieurs jaunes avec les deux derniers articles noirs.

Ce Chlorops, qui doit son nom à ses deux gros

yeux d'un vert brillant, est un diptère de la famille des muscides. M. Herpin pense qu'il est l'analogue de celui qui fit tant de ravages en France en 1812, et qu'Olivier a décrit dans les *Mémoires de la Société d'agriculture*.

Les phases les plus intéressantes de la vie de cet insecte étaient restées inconnues aux naturalistes, et les dégâts qu'il occasionne avaient été attribués par les agriculteurs, soit à une maladie de la plante, soit à quelques accidents de la végétation. On avait remarqué, en 1812, dans les blés nouvellement plantés, soit avant, soit après l'hiver, des altérations occasionnées par une larve qui, placée au-

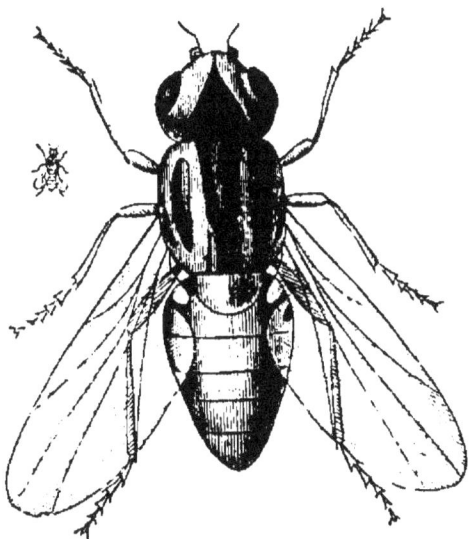

Chlorops, grossi et grandeur naturelle.

dessus de la racine, rongeait les feuilles du centre de la plante, la faisait jaunir et périr ensuite.

En 1839, M. le docteur Dagonet, à Châlons-sur-Marne, et M. Philippar, professeur à Grignon, signalèrent de nouveau des larves qui, déterminant, au printemps, un gonflement considérable de la jeune plante de froment au-dessus du collet, détruisent les feuilles centrales et la plante elle-même.

Vers la fin du mois d'avril ou en mai, ces larves donnent naissance à une mouche à deux ailes, de couleur jaune, ayant des lignes noires sur le dos, décrite et figurée par Olivier et rapportée par ce naturaliste au genre *Ocinis*, par Meigen au genre *Chlorops*.

L'histoire de cet insecte était restée imparfaite; Olivier lui-même n'avait pu la compléter par ses recherches. Il en était réduit à faire des conjectures plus ou moins vraisemblables pour expliquer comment les œufs de l'Oscine, pondus au mois de mai, peuvent se conserver et se transporter sur les jeunes plantes de froment que l'on sème seulement dans le mois d'octobre suivant.

C'est encore au docteur Herpin que nous devons d'avoir éclairci ce point important et d'avoir signalé à la science plusieurs faits nouveaux et du plus haut intérêt sur l'histoire de ce redoutable ennemi des céréales.

L'accouplement de l'Oscine sortie des jeunes plantes de seigle et de froment a lieu vers la fin de mai ou au commencement de juin.

La femelle s'occupe aussitôt à faire sa portée sur les tiges du froment qui commence alors à monter en épis; elle dépose un œuf vers la partie inférieure de l'épi, au fond des cannelures des feuilles. Environ quinze jours après la ponte, il sort de cet œuf une larve oblongue, jaunâtre et sans pattes, qui s'attache à la tige de la céréale, immédiatement au-dessous de l'épi; elle se nourrit en rongeant une partie de la surface du chaume qui est alors très tendre; elle y trace et y creuse un sillon extérieur de 2 millimètres environ de largeur, de 1 millimètre ou 2 au plus de profondeur, mais qui ne pénètre jamais jusque dans le canal intérieur de la tige.

Ce sillon s'étend depuis le bas de l'épi jusqu'au premier nœud supérieur, sauf quelques exceptions, lorsque, par exemple, la larve vient à périr ou qu'elle a pris tout son développement avant d'avoir atteint le premier nœud.

Arrivée à ce point, la larve a ordinairement acquis toute sa croissance; alors elle se transforme en nymphe, et se fixe le plus souvent vers la partie moyenne du sillon qu'elle a creusé à l'extérieur de la tige.

Dans le mois de septembre suivant, il en sort un diptère (mouche à deux ailes) du genre Oscine d'Olivier, ou Chlorops de MM. Meigen et Macquart, qui peut vivre pendant plusieurs semaines et va déposer ensuite sa nouvelle ponte sur les seigles et les blés tout récemment semés.

Les tiges du froment attaquées par ces larves provenant de la deuxième ponte des Chlorops présentent des altérations tellement singulières et remarquables, qu'il est surprenant que l'on n'en ait pas jusqu'à présent reconnu le cause; ces altérations sont généralement attribuées à un vice de la végétation, occasionné par certaines intempéries des saisons.

Les tiges ainsi attaquées n'ont guère que la moitié de la hauteur des tiges de blé qui sont saines; leur

Larve du Chlorops dans son canal et Nymphe du Chlorops.

maturation est retardée considérablement; elles sont encore très vertes lorsque les autres sont devenues jaunes par l'effet de la maturité; l'épi n'est pas encore sorti d'entre les feuilles qui l'engraissent; il est court, peu abondant en grains; ceux-ci d'ailleurs

sont maigres, retraits et racornis; enfin tous les épillets situés du côté où se trouve le sillon longitudinal creusé par la larve sont entièrement avortés et ne contiennent aucun grain.

En juillet 1840, Herpin a adressé à la Société royale et centrale d'agriculture, à l'administration du Muséum, ainsi qu'à plusieurs naturalistes, de nombreux échantillons de froment attaqué par le Chlorops, ainsi que ces insectes vivants, à l'état de nymphe et à l'état parfait.

Ce savant a évalué alors à un soixante-dixième de la récolte du froment le nombre des épis attaqués par le Chlorops dans les champs. Si l'on ajoute à ces ravages de la deuxième ponte le nombre considérable des jeunes plantes qui ont péri par suite des attaques du Chlorops avant ou après l'hiver, on sera convaincu que cet insecte est un fléau très redoutable pour l'agriculture.

MOYENS DE DESTRUCTION.

Dans les années où le Chlorops existe en grande quantité, le moyen de le détruire consiste à faire arracher, enlever et brûler les plantes qui en sont attaquées, tant à la première ponte qu'à la deuxième.

La première opération peut se faire lors du sarclage ou de l'échardonnage du blé; les jeunes plantes, gonflées et jaunies, sont assez facilement reconnaissables.

La seconde opération doit se faire quinze jours ou trois semaines avant l'époque de la moisson; elle est d'autant plus facile à exécuter, que les tiges attaquées par les Chlorops sont très faciles à distinguer, même de loin, à cause de la couleur vert foncé de la tête,

et parce que l'épi reste toujours engaîné et enveloppé par de larges feuilles. C'est un signe caractéristique.

Un autre moyen des plus certains, des plus économiques et des plus avantageux, dont on puisse en
général faire usage pour la destruction des insectes
nuisibles à nos récoltes, c'est de varier et d'alterner
les cultures.

On peut faire succéder à une céréale des plantes
sarclées ou fourragères et *vice versa*, il en résulte que
les larves nuisibles déposées dans les champs, ne
trouvant pas au moment de l'éclosion la nourriture
qui convient à leur organisation, ne peuvent subsister
et périssent infailliblement.

Il est reconnu en agriculture que quand on cultive
plusieurs fois de suite ou pendant longtemps la même
plante dans le même terrain, elle finit par n'y plus
prospérer et même par n'y plus venir du tout, tandis
cependant que d'autres végétaux y croissent admira-
blement. On dit alors que la terre est fatiguée,
épuisée, ce qui est complètement démenti par la brillante végétation de toutes les plantes qui y croissent
spontanément. Ne serait-ce pas autant à la présence
et à la propagation excessive de certains insectes
nuisibles qu'à la fatigue et à l'épuisement de la terre
qu'il faut attribuer ce fait, qui a forcé tous les bons
cultivateurs de tous les pays à varier leurs cultures
et alterner leurs assolements?

Ainsi, les rotations et les changements de culture,
quand bien même ils ne seraient pas motivés par
d'autres raisons puissantes, devraient encore être
adoptés et mis en pratique pour empêcher et prévenir
la trop grande multiplication de certaines espèces
d'insectes nuisibles.

PARASITE DU CHLOROPS

(*Alysia Olivieri*).

Les dommages causés par le *Chlorops lineata* sont souvent diminués par un Ichneumon étudié par Olivier et recueilli par Herpin, l'Alyse. Nous reproduisons ici la figure donnée par Guérin-Méneville

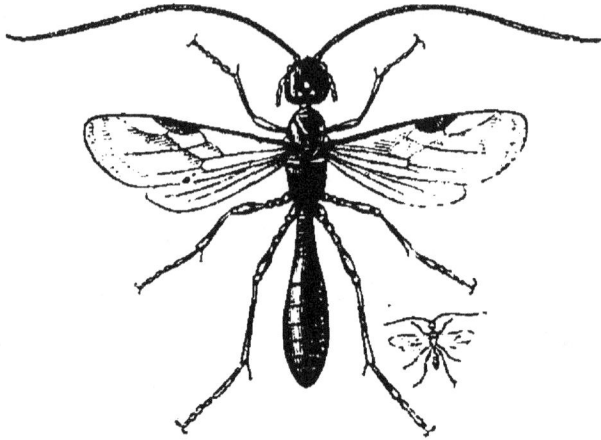

Alyse d'Olivier, grossie et grandeur naturelle.

qui, contrairement à Olivier, a montré que l'Alyse n'est pas entièrement noire. Les pattes antérieures de cet insecte sont fauves ; les pattes intermédiaires et les postérieures noires avec une faible portion de la base des cuisses et des jambes seulement d'un jaune fauve. Guérin-Méneville a donné de cet insecte une excellente description, dans laquelle il dit qu'un grand nombre d'individus de cette espèce étaient parfaitement identiques pour la forme, pour le stigma et les nervures des ailes, et n'offraient qu'une légère différence dans la coloration des jambes intermédiaires et postérieures qui varient du noir au brun un peu fauve.

La larve du parasite croît et grandit avec son sujet, elle se nourrit de la substance graisseuse de celui-ci ; mais, chose admirable ! jamais le parasite n'attaque aucun des organes essentiels à la vie du Chlorops, car, si celui-ci venait à périr, le parasite mourrait infailliblement avec lui.

Après que le Chlorops malade s'est métamorphosé en chrysalide, le parasite finit par le détruire entièrement, et l'on voit avec surprise sortir de la chrysalide d'un Chlorops, non point la mouche destructive du froment, mais bien un ichneumonide, qui, à son tour, va persécuter la progéniture des Chlorops destructeurs du blé.

Les deux pontes du Chlorops sont également atteintes par l'Ichneumon parasite, qui éclôt ordinairement plusieurs jours avant le Chlorops ; quelquefois le nombre des parasites est presque aussi considérable que celui des Chlorops.

CHLOROPS DE L'ORGE

(Chlorops Herpinii).

L'insecte qu'on décrit sous le nom de Chlorops de l'orge pourrait être comparé à l'espèce à laquelle Meigen a donné le nom de *Chlorops glabra*, et à celle que Geoffroy a décrite sous celui de Mouche jaune à bandes noires. Néanmoins, elle en diffère tellement, qu'elle constitue réellement une espèce à part. Aussi Guérin-Méneville la croit tout à fait nouvelle. Nous l'aurions nommée, dit-il, Chlorops de l'orge, si nous avions été certain qu'elle est exclusivement propre à cette espèce de graminée, et si l'orge ne nourrissait pas d'autres Chlorops dans ses

tiges ou dans quelques autres parties de la plante.
Mais comme Olivier a obtenu des tiges de l'orge un
Chlorops noir, qu'il a appelé *Tephritis hordei*, pour
éviter toute confusion et aussi pour faire un acte de
justice, il a donné au Chlorops de l'orge le nom de
Chlorops d'Herpin, en l'honneur de l'habile agriculteur
qui l'a découvert.

Herpin a découvert cette muscide dont les larves
attaquent seulement les épis de l'orge. Guérin-

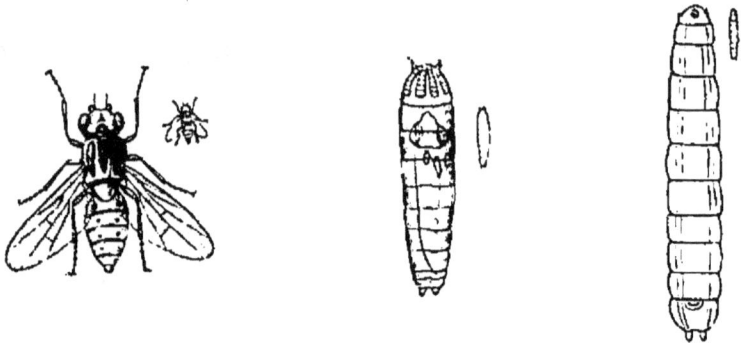

Chlorops de l'Orge, grossi   Nymphe grossie.   Larve grossie.
  et grandeur naturelle.

Méneville et M. Goureau ont décrit cette sorte de
mouche qui a 3 millimètres de longueur. Elle est
jaunâtre; la tête est jaune et marquée de deux taches
noires triangulaires, placées l'une devant l'autre; les
antennes sont noires ou jaunes avec le bord supérieur
ainsi que la soie noire; le corselet est ovalaire avec
trois larges raies noires sur le dos; l'écusson est jaune
et le sous-écusson est noir; les flancs et la poitrine
présentent quatre taches noires; l'abdomen est ovoïde,
terminé en pointe, de la longueur de la tête du
thorax, de la largeur de celui-ci, jaune; le premier
segment porte deux taches brunes, quelquefois réunies

par une bande obscure ; les premier, deuxième et troisième segments ont leur bord postérieur brun, plus ou moins obscur, avec une faible tache de chaque côté, entre les bandes; l'anus est noir; les pattes sont jaunes et les tarses noirâtres; ailes hyalines.

La larve est longue de 4 millimètres et demi. Blanche, allongée, presque cylindrique, atténuée du côté de la tête qui renferme un crochet buccal noir ; les stigmates antérieurs sont saillants, terminés par une couronne de petits tubercules; le dernier segment porte en dessous un tubercule mamelonné, et en arrière deux petits tubes qui forment les stigmates postérieurs.

La pupe est brune, un peu moins longue que la larve, arrondie, un peu plus étroite à l'extrémité postérieure qu'à l'antérieure qui est ridée, avec deux petites pointes à cette extrémité, et deux autres presque imperceptibles au bout antérieur.

Ce Chlorops est atteint par les mêmes parasites que les précédents, c'est-à-dire par l'*Alysia Olivieri* et le *Pteromalus micans*.

CHLOROPS DE GOUREAU

(*Chlorops villata*).

Les mouches appelées *Chlorops* sont très nombreuses dans les abris où elles se cachent pour passer l'hiver. On peut les compter par milliers, soit au plafond d'appartements inhabités, dans les campagnes, soit dans les lierres des vieilles maisons. Ce n'est que le 18 juin 1856 que Guérin-Méneville a trouvé dans un épi de blé déformé, dans la case d'un épillet, vide de grain, une pupe de diptère qui lui a donné un Chlorops le 17 juillet suivant.

Ce Chlorops a une longueur de 4 millimètres. Jaune, antennes jaunes, à troisième article au-dessus et en dehors ; yeux verts ; tête jaune, à points noirs sur le vertex ; thorax jaune, marqué de trois larges raies noires sur le dos, celle du milieu s'étendant sur l'écusson ; sous-écusson noir ; abdomen jaune· ayant les premier, deuxième, troisième et quatrième segments marqués de trois taches noirâtres ; dessous jaune, avec un point noir de chaque côté du prothorax, un autre sur les côtés du mésothorax, un troisième à la base des hanches postérieures ; ailes hyalines, de la longueur de l'abdomen, pattes jaunes avec les crochets des tarses noirs.

On ne connaît pas de moyen préservatif contre ces petites mouches ni contre leurs larves, dont la présence ne se décèle que quand le mal qu'elles ont produit est irrémédiable.

CHLOROPS DU SEIGLE

En 1839, M. Audouin appela l'attention de la Société entomologique sur une larve de diptère très nuisible aux récoltes. Elle se tient à la base de la tige des seigles, près du collet, et c'est là qu'elle subit ses métamorphoses. Des agriculteurs de Grignon remarquèrent avec étonnement au mois de mars que les tiges du seigle qu'ils avaient semé pendant l'automne de l'année précédente devenaient monstrueuses à leur base, et que ce développement excessif avait arrêté la croissance des parties supérieures.

Audouin ayant été averti par M. Boyer, professeur

d'agriculture à la ferme modèle de Grignon, reconnut bientôt la larve dont on a parlé, laquelle se transforme en un petit diptère désigné sous le nom de *Musca pumilionis*, et dont il présenta des individus à la Société, ainsi que la larve et la plante dont cette dernière se nourrit.

Cette petite mouche, dit M. Goureau, a été observée pour la première fois par Birkander, entomologiste suédois, qui en parle ainsi :

« Au mois de mai, chaque année, j'aperçus parmi les seigles des chanvres nains de 1 à 3 pouces de longueur ; en les examinant, on reconnaissait qu'à leur première articulation il y avait intérieurement un petit ver, cause de cette singulière croissance. Ce ver est blanc, d'une longueur de deux lignes, a dix anneaux, la tête pointue, noire à son extrémité, et ayant la forme

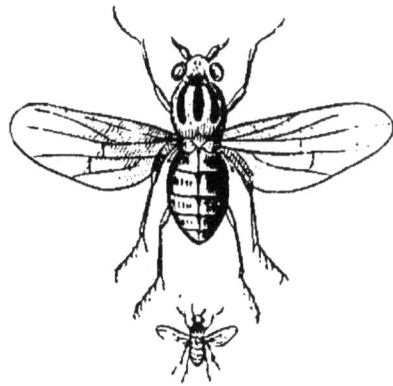

Chlorops du seigle, grossi et grandeur naturelle.

d'un V. Il commence vers le 25 mai à se changer en chrysalide. La pupe est jaune et brillante et a un peu plus d'une ligne de longueur ; elle est plate et annelée. Ces pupes commencent à produire des mouches vers le 12 juin.

L'insecte parfait a un peu plus d'une ligne de longueur ; sa tête est jaune et ses yeux noirs ; il porte à la nuque un triangle noir ; les antennes, noires, sont un peu noueuses, et il en sort quelques poils ; le corselet est noir sur le dos et marqué de deux petites lignes jaunes dans le sens de la longueur ; au bas, près

de l'abdomen, est une tache jaune en forme de crois-
sant; le corselet est jaune en dessous; les pieds de
devant portent deux taches noires; l'abdomen est
noir en dessus, jaune en dessous et composé de quatre anneaux; les balanciers sont blancs; les ailes bril-
lent de rouge et de vert et dépassent peu le corps; la
partie des pieds voisine du corps est grisâtre et l'extrémité noire.

On ignore encore si ces œufs sont déposés dans la
tige du seigle. Le 23 avril, les vers étaient encore petits,
et ils avaient acquis tout leur développement le 25 mai.

Birkander donne le conseil d'arracher les pieds de
seigle attaqués et de les brûler; c'est aussi ce qu'Audouin avait recommandé aux agriculteurs de Grignon;
par ce moyen, on diminue le nombre des mouches de
la génération prochaine, et l'on peut diminuer un peu
les dégâts à venir.

OSCINE RAVAGEUSE

(Oscinis vastator).

C'est John Curtis qui a particulièrement signalé les
ravages de cet insecte en Angleterre; c'est l'insecte
qu'Olivier avait déjà décrit sous le nom de *Tephritis
hordei.*

L'insecte est une petite mouche noire verdâtre; le
sommet de sa tête est orné d'un triangle brillant, le
corselet est aussi large que la tête et plus développé
que le ventre, lequel est formé de cinq segments et se
trouve entièrement dépassé par des ailes transparentes. Les balanciers se présentent sous forme de masses jaunâtres, les pattes sont assez longues et ternes.
La larve est d'un jaune éclatant, apode, pleine de

vivacité et pourvue de deux crochets buccaux de
couleur noire.

Elle exerce ses dégâts dans le courant de juin, détruit les feuilles cen-
trales de l'orge, ronge
l'intérieur des tiges, se
transforme en pupe
dans sa retraite et paraît
à la fin de juin ou
au commencement de
juillet sous la forme
d'insecte parfait.

L'Oscine ravageuse
passe pour être plus
nuisible que les Chlo-

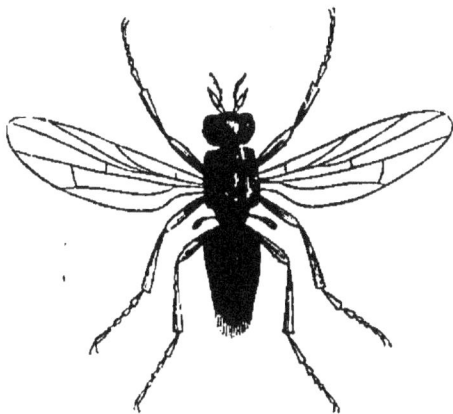

Oscine ravageuse.

rops, car elle s'attaque au cœur même de la plante et
le réduit en poussière.

Un Ichneumon, le *Sigalphus caudatus*, vit à ses dépens et accomplit sa dernière métamorphose dans la
pupe de cette mouche si petite qu'elle n'atteint pas
même 2 millimètres dans son entier développement.

AGROMYZE PIED-NOIR

(Agromyza nigripes).

Un insecte diptère de la famille des musciens, appartenant aussi au groupe des oscinites, a reçu le nom
générique d'Agromyze.

Au mois d'août, lorsqu'on parcourt un champ de
luzerne, il arrive, dans certaines années, qu'on remarque un grand nombre de feuilles tachetées de blanc; la
tache est irrégulière et occupe la moitié plus ou moins
de la feuille; si l'on examine avec attention, dit

M. Goureau, on aperçoit une petite raie blanche qui
aboutit à la tache, et en présentant la feuille au jour
on distingue une petite larve, logée entre les deux
membranes très minces qui la forment, occupée à
manger la substance renfermée entre elles et à agran-
dir la tache blanche. C'est cette petite larve qui a fait la
raie blanche, en partant de son extrémité dès le moment de son éclosion, pour s'avancer jusqu'au point
où commence la tache, et en rongeant ensuite autour
d'elle pour se construire un vaste logement. Selon le
moment, on pourra remarquer un grand nombre de
feuilles minces, renfermant une larve dans chaque
tache, ou n'en renfermant que dans quelques-unes.
Ces larves croissent rapidement car elles mangent
presque sans interruption et mettent peu de jours à
prendre tout leur développement. Étant arrivées à
ce point, elles sortent de leur habitation en perçant
l'une des deux membranes et se laissent tomber à
terre; elles s'enfoncent un peu, se changent bientôt
en pupes et les mouches s'envolent environ trois
semaines après.

La petite larve mineuse, parvenue à toute sa croissance, a 2 millimètres et demi de longueur; elle est
blanche, molle, glabre, apode, terminée en pointe du
côté de la tête qui renferme une double soie noire
écailleuse, courbée en crochet à son extrémité. L'animal fait sortir à sa volonté le crochet de sa bouche et
l'y fait rentrer, et s'en sert comme d'une pioche pour
détacher sa nourriture et la porter à sa bouche.
La pupe a presque 2 millimètres de longueur. Elle est
d'un brun jaunâtre, cylindrique, un peu arquée, avec
des segments peu distincts sur le corps, et deux petites
pointes à chaque bout.

L'insecte parfait est noir luisant; la tête, le thorax

et l'abdomen, sont entièrement noirs; les antennes noires; les yeux d'un brun rougeâtre. Il a quelques poils sur le sommet de la tête, le dos et le thorax. L'abdomen est ovoïde, de la longueur du crochet; les pattes sont noires. Les ailes hyalines, à nervures noires, dépassent beaucoup l'abdomen.

La femelle est pourvue d'une petite queue cornée avec laquelle elle perce la membrane supérieure de la feuille de luzerne et elle pond un œuf dans la plaie, puis elle passe à une autre feuille, où elle fait la même opération, continuant ainsi jusqu'à ce qu'elle ait achevé sa ponte. Ce sont ces œufs qui donnent naissance aux petites larves noueuses, et comme il ne faut qu'un mois environ pour l'évolution de l'insecte, il en résulte qu'il y a probablement plusieurs générations pendant l'été. Lorsque l'Agromyze est très nombreux, il gâte les luzernes qui ne donnent qu'un fourrage peu nourrissant.

On ne connaît pas de moyen efficace pour s'opposer aux ravages de cette petite mouche. On peut couper la luzerne dès que les taches commencent à se montrer et la faire manger avant qu'elle soit détériorée.

PARASITE DE L'AGROMYZE.

La larve de cette mouche est atteinte dans son gîte par un petit Ichneumon qui sait la découvrir dans la feuille de luzerne, qu'elle mine, et qui pond un œuf dans son corps. Il sort de cet œuf une larve qui ronge les entrailles de la larve de la mouche et qui ensuite se transforme en un petit ichneumonien de la sous-tribu des Braconites et du genre Alysia, lequel a paru à M. Goureau se rapporter à l'*Alysia tristis*, genre *Dacnusa*.

Il est long de 2 millimètres; noir luisant; antennes noires, filiformes, un peu plus longues que le corps ; la tête et le thorax sont noirs, de même largeur ; l'abdomen est noir, de la longueur et de la largeur du thorax, aminci en pédicule à la base, arrondi à l'extrémité; les pattes sont noirâtres; les ailes hyalines à nervures et stigma noirs; elles sont couchées sur le dos et dépassent l'abdomen.

PÉGOMYIE DE LA JUSQUIAME

(Mouche des betteraves. — *Pégomyia hyoscyami*, Macq).

La mouche de la betterave, connue en entomologie sous le nom de Pégomye de la jusquiame, parce qu'elle a été observée pour la première fois sur cette plante, a été depuis quelque temps trouvée sur la betterave et l'arroche.

On reconnaît aisément la présence du ver dans les feuilles aux plaques blanchâtres qui couvrent leur surface. En y regardant de près, on voit bien vite que le parenchyme a disparu et que les deux membranes seulement sont demeurées intactes. L'œil le moins exercé peut distinguer ensuite sur la ligne de démarcation, entre la partie attaquée et la portion saine, des larves de 7 millimètres de longueur au plus, blanches, molles, au nombre de douze ou quinze; elles mangent avec une gloutonnerie qui dépasse la mesure de leur taille et font brèche dans la substance verte du parenchyme. Ces larves commencent à paraître au commencement de juin et continuent à se montrer pendant tout l'été. Elles croissent rapidement et les plus précoces ont atteint le terme de leur taille vers le 15 du même mois. Elles sortent alors des feuilles dans lesquelles elles ont vécu et vont se cacher en terre à peu de distance de la racine de la plante où elles se transforment en pupes, ou nymphes, au bout de peu de temps.

La Mouche de la betterave à l'état parfait a 5 millimètres de longueur. Sa couleur est d'un gris cendré clair; la face et les côtés du front sont blancs; la bande frontale est d'un fauve brun; les palpes sont fauves à extrémité noire; les deux premiers articles des antennes sont fauves et le troisième noir. L'abdomen est d'un gris rougeâtre, avec une ligne dorsale de taches noires peu marquées; les pattes sont rougeâtres et les tarses noirs; les ailes hyalines dépassent l'abdomen. Cette espèce ne diffère sans doute pas de la suivante.

HYLÉMYIE DES BETTERAVES

(*Hylemyia coarctata*).

Les Hylémyies se distinguent de toutes les autres mouches parce que : 1° leurs antennes descendent presque jusqu'à l'épistome, c'est-à-dire à la partie supérieure de l'ouverture buccale; 2° parce que leur style, inséré à la base du dernier article, est ordinairement plumeux, c'est-à-dire garni de poils serrés; 3° leurs ailerons sont très petits; 4° leur abdomen est assez long, presque cylindrique surtout chez les mâles. Nous devons à M. Émile Blanchard une étude fort intéressante sur cet insecte (1).

L'Hylémyie des betteraves est longue de 6 à 7 millimètres ; plus petite et plus grêle que notre mouche

(1) *Mémoires de la Société d'Agriculture*, année 1850, 2e partie, p. 489.

domestique. Tout son corps, revêtu d'un duvet très court et très serré, est d'un gris cendré. La tête est assez large, grisâtre, avec la face d'un ton plus roux. Les antennes sont noires, surtout le dernier article et le style. Les yeux sont d'un brun rougeâtre. Le thorax est d'un brun cendré, ayant souvent quelques marques plus noires sur les côtés ; il présente aussi un certain nombre de poils roides également noirs. Les ailes, toujours irisées, ont une nuance jaunâtre bien marquée. L'écusson est de la même couleur que le thorax. L'abdomen est également d'un gris cendré, mais chez le mâle il devient noirâtre sur les côtés et à l'extrémité : chez la femelle, il conserve, au contraire, une nuance plus grise dans toute son étendue. Les pattes sont d'un jaune fauve, avec les tarses noirs et la plus grande partie des cuisses de cette couleur ; la base et l'extrémité de celle-ci restent seules de la nuance jaune générale.

La larve de l'Hylémyie est longue d'environ 8 millimètres et peut-être 8 à 10 quand elle s'allonge pour marcher ; son épaisseur n'est guère de plus de 2 millimètres. Les anneaux de son corps sont très apparents et les deux petits crochets dont sa bouche est armée se distinguent aisément par leur couleur noire. Tout l'animal est d'un blanc jaunâtre sale, avec une ligne irrégulière médiane, plus obscure, produite par le canal digestif qu'on aperçoit un peu au travers du tégument.

Lorsque cette larve a pris tout son accroissement, elle se ramasse un peu sur elle-même ; comme chez toutes les larves des mouches, ses téguments se durcissent, prennent une couleur d'un brun marron et constituent la coque de la nymphe. Dans l'Hylémyie, cette nymphe est oblongue avec les annulatures très apparentes et les deux extrémités terminées par deux petites pointes obtuses.

L'Hylémyie de la betterave se montre à l'état de larve depuis la fin de mai jusqu'au commencement de juillet, et à cette dernière époque elle se transforme en nymphe ou chrysalide, et quinze ou vingt jours plus tard apparaît l'insecte adulte. C'est au moins pendant cette période que M. Blanchard l'a observée. A cette époque il ne pouvait dire si cette mouche ne fournit qu'une génération par an. Il ne savait pas non plus sous quelle forme l'animal passait l'hiver. Espérons que le patient observateur comblera bientôt ces lacunes.

Toujours est-il que pendant le mois de juin on rencontre l'Hylémyie de la betterave à l'état de larve. Le genre de vie de cet insecte est alors fort singulier. Le petit ver est contenu dans l'épaisseur des feuilles; il laisse des deux côtés l'épiderme intact et ronge ainsi le parenchyme sans jamais se montrer au dehors. Cependant, si l'on vient à examiner les betteraves, la présence des petits vers se décèle facilement; les feuilles présentent des boursouflures longitudinales produites par les larves de l'Hylémyie. Les vers sont quelquefois très rapprochés les uns des autres et dans une feuille on peut en compter huit, dix, douze, peut-être davantage. Il est à peine nécessaire de dire que le nombre est tout à fait variable. Si dans certaines feuilles on rencontre jusqu'à dix ou douze larves, dans d'autres on n'en trouve qu'une seule; à cet égard, il y a des différences coïncidant avec l'abondance de l'insecte, suivant les localités, suivant les années.

Ce diptère n'est nuisible que pendant son premier état; les feuilles attaquées se dessèchent au moment où les vers vont se transformer en nymphes, c'est-à-dire pendant la fin de juin et le commencement de juillet. Si les Hylémyies sont abondantes, naturellement beaucoup de feuilles se flétrissent, et il en résulte pour les betteraves, dont le développement est loin d'être achevé, un dommage qui peut être considérable, mais dont il est impossible de préciser l'étendue.

Quand les larves de l'Hylémyie ont pris tout leur accroissement, quand elles vont subir leur métamorphose, les feuilles se sont déjà fanées, jaunies ou même desséchées. Les petits vers se transforment dans la loge pratiquée dans l'épaisseur de la feuille, à l'endroit même où ils ont vécu et pris leur nourriture. Lorsque l'insecte parfait sort de son enveloppe de nymphe, il déchire l'épiderme encore intact de la feuille et s'envole.

M. Blanchard suppose que les femelles passent l'hiver et se réfugient dans des endroits abrités pour déposer leurs œufs seulement au printemps. Atteindre les insectes adultes est chose impossible. Atteindre les larves ou les nymphes paraît très praticable.

Les feuilles attaquées se flétrissent, comme on sait, avant l'éclosion des mouches. En arrachant alors toutes ces feuilles flétries, on est certain d'emporter en même temps les Hylémyies qui les ont rongées. En les détruisant aussitôt par le feu, l'année suivante les champs de betteraves devront être épargnés, si partout la récolte des feuilles atteintes a été faite avec soin.

ORTHOPTÈRES

LOCUSTES OU SAUTERELLES VRAIES

Le nom de Sauterelle signifie évidemment sauter, de *saltare*, en italien *Saltarella*. La Sauterelle se nomme aussi en Italie *Cavalletta* (petite cavale). En latin, la grande Sauterelle est appelée *Locusta*, d'où le nom de *Loguste* qu'on lui donne également. En certaines provinces, la petite Sauterelle est connue sous le nom de *Sautereau*, par corruption *Sauteriau*. Ailleurs on l'appelle *Aoutrou*, *Aoutrelle*, parce qu'elle paraît au mois d'août. On ne doit pas la confondre avec le Criquet.

Les entomologistes rangent les Sauterelles parmi les insectes orthoptères, c'est-à-dire à ailes droites. Les caractères distinctifs sont un corps allongé, une tête grande et verticale, deux yeux petits, saillants et arrondis, peu apparents, un corselet comprimé sur les côtés et sans écusson ; des élytres inclinées, recouvrant des ailes ; des pattes dont les antérieures paraissent prendre naissance sur la tête, et dont les postérieures sont très grandes. Ajoutons à cette description quelques signes distinctifs donnés par les anciens auteurs. La tête de la Sauterelle, dit Valmont de

13

Bomare, a quelque ressemblance avec celle d'un cheval ; la bouche est recouverte d'une espèce de bouclier écailleux, rond, saillant et mobile. Il y a près des mâchoires une moustache verdâtre composée de deux antennules à la mâchoire supérieure qui se plient par le moyen de trois articulations ; celle de la mâchoire inférieure n'a que deux antennules et deux articulations. L'extrémité de ces antennules est formée d'espèces de houppes à nervures qui servent à goûter d'avance ce qui convient à l'animal.

Le corselet est élevé, étroit, armé en dessus et en dessous de deux épines dentelées.

Le dos est recouvert d'un bouclier oblong auquel sont fortement attachés les muscles des pattes de devant.

Le tube digestif est très remarquable ; il possède trois estomacs qui forment trois ventricules, dont le second est sillonné et dentelé.

Le ventre est très développé, formé de huit anneaux et terminé par deux petites queues.

La femelle se distingue du mâle par une queue tranchante, placée à l'extrémité de l'abdomen, composée de deux lames accolées l'une à l'autre et vulgairement appelées sabre, tarière.

. Quant aux ailes, la première paire, assez semblable à des élytres, est d'une consistance presque cornée.

La seconde paire, dans l'état de repos, est repliée le long du corps de l'animal et disposée comme les plis d'un éventail fermé. Quand l'insecte les déploie, ces ailes offrent un bord parfaitement droit. Malgré cette double paire d'ailes les Sauterelles ne volent pas toujours facilement. Les ailes leur servent surtout de parachutes. Dans les pays où naissent les grandes

Sauterelles voyageuses, grandes Sauterelles d'Afrique
et d'Orient, Criquets pèlerins, des vents violents les
emportent par millions, sans qu'il soit possible aux

Sauterelle voyageuse.

Sauterelles de se diriger à leur gré; elles ne le pourraient même pas dans une atmosphère tranquille;
leurs ailes ne font absolument que les soutenir en
l'air pour aller où les vents les portent. Dans ces

longues et rapides migrations les Sauterelles per-
draient bien vite haleine et périraient suffoquées, si
elles n'étaient pourvues d'un appareil de respiration
supplémentaire. Sont-elles à l'état de repos ou seulement dans leur état d'activité ordinaire, cet appareil
de réserve ne fonctionne pas.

MÉTAMORPHOSES DES SAUTERELLES.

Peu de temps après que les Sauterelles ont les ailes
assez développées, elles s'accouplent; et vers la fin de
l'automne la femelle cherche dans la plaine à se dé-
livrer de ses œufs : elle les dépose dans les fentes du
sol, à l'aide de son oviscapte. Les œufs glissent entre
les deux lames dont il est formé et s'enfoncent en
terre; après quoi la pondeuse se dessèche et périt; les
mâles, à ce qu'il paraît, ne survivent guère aux femelles. Ces œufs demeurent cachés en terre jusqu'au
retour du printemps où la chaleur les fait éclore. Ils
sont plus longs que gros et à peu près de la grosseur
d'un grain d'anis et d'une consistance de corne, et
sont blanchâtres. Quand ils ont été assez échauffés,
il en naît vers la fin d'avril des larves qui ne sont pas
plus grosses qu'une puce.

Jusqu'ici, on pensait que les larves qui naissent de
ces œufs ne différaient de l'insecte parfait que par
l'absence des ailes et des élytres.

Déjà, cependant, un médecin qui s'était voué à l'ana-
tomie des insectes, Swammerdam, avait déclaré « que
les ailes de la Sauterelle sont couchées et étendues le
long de son corps, au lieu que dans l'état de nymphe
elles sont renfermées en quatre boutons dans lesquels
elles sont pliées et entortillées ensemble : c'est ce qui
a fait dire à plusieurs naturalistes que les vers dont se

forment les Sauterelles étaient des Sauterelles sans
ailes, et c'est ce qui leur a fait donner le nom d'*atte-
labus*, lorsque leurs ailes commençaient à pousser ; et
celui d'*asellus*, quand le corps, surtout celui de la femelle, prenait plus d'accroissement ; « c'est ainsi, ajoute
Valmont de Bomare, que quand on ne connaît pas
bien exactement toutes les formes qu'un même insecte prend successivement, il est très aisé de confondre et de faire deux ou plusieurs insectes d'un
seul et même animal. » — « La nymphe de la Sauterelle, ajoute-t-il, au bout de vingt-quatre à vingt-
cinq jours, songe à quitter sa robe, et pour s'y disposer elle commence par cesser de manger, puis
elle va chercher un lieu commode, c'est-à-dire pour
l'ordinaire une épine ou un chardon auquel elle s'attache. D'abord elle agite et gonfle sa tête jusqu'à ce
que la peau dont elle est enveloppée se déchire au-
dessus du cou. La tête sort la première par cette dé-
chirure avec quelque difficulté, ensuite la nymphe
faisant de nouveaux efforts sort tout entière et laisse
sa dépouille attachée à l'épine ou au chardon. » Voilà
l'insecte sous une nouvelle forme ; il est parfait.

Dans les pays incultes, où rien ne gêne leur multiplication, les Sauterelles naissent ensemble, presque
le même jour, à la même heure, par légions innombrables ; elles subissent ensemble leurs phases de développement ; elles prennent ensemble leurs ailes.
Chaque ponte étant formée d'un paquet d'œufs disposés dans une capsule que la Sauterelle femelle a
déposée en terre, les jeunes Sauterelles sont forcées de rester près du lieu natal tant que leurs ailes
ne sont pas encore poussées. Leur nombre est fort
grand. Il n'est pas rare de voir en France, dans les
cantons où la petite Sauterelle est la plus commune,

le sol criblé de trous où les femelles ont pondu. M. Ysabeau a souvent compté plus de 50 de ces trous sur un espace d'un mètre carré ; c'était sur le pied de plus de 500,000 trous par hectare, soit, à raison de 150 à 200 œufs par trou, en moyenne 175, environ 87,500,000 Sauterelles écloses par hectare.

Dans les steppes ou prairies désertes de l'Orient, de l'Europe, à plus forte raison, dans les parties incultes de l'Asie et de l'Afrique centrale, des centaines de milliers d'hectares sont ainsi criblés de trous pleins d'œufs de Sauterelles. On renonce à calculer le chiffre d'insectes auxquels ils peuvent donner naissance.

LES CRIQUETS.

Les Acridiens ou Criquets sont appelés aussi à tort sauterelles ; on ne doit cependant pas les confondre avec ces insectes.

Les femelles des Acridiens n'ont pas de tarière en forme de sabre comme les sauterelles ; elles n'en avaient pas besoin puisqu'elles ne creusent pas la terre pour pondre leurs œufs ; elles en déposent sur le sol ou contre les pierres en petits paquets ou glèbes. C'est cette tribu qui renferme les insectes si dévastateurs appelés à juste titre Fléau par la bible et mentionnés souvent par les historiens. Leurs immenses colonnes obscurcissent la lumière ; poussées par le vent, elles peuvent traverser les mers, s'abattre sur le sud et dévaster tous les végétaux, herbes, céréales, arbustes et arbres, au point que leurs ravages ont souvent amené la famine ou la peste.

On distingue quatre sortes de criquets : le criquet pèlerin, le criquet migrateur, le criquet italique, le criquet à ailes bleues.

Le criquet pèlerin ou grande sauterelle d'Afrique et d'Orient est jaunâtre ou rougeâtre ; il est inconnu en France ; mais il ravage à peu près tous les vingt-cinq ans pendant trois ou quatre années nos colonies d'Algérie et du Sénégal, à tel point qu'on est obligé de réquisitionner la population et d'employer les soldats pour les détruire. On effraye les cohortes par des bruits violents afin de les empêcher de s'abattre, de manière à les pousser dans des tranchées où on les enterre, ou sur des broussailles arrosées de pétrole auxquelles on met le feu. Dans ces derniers temps on a essayé d'employer les criquets séchés comme

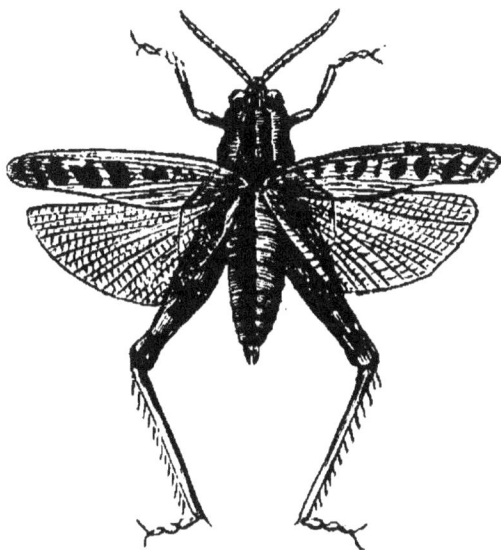

Criquet.

amorces pour la pêche de la sardine et du hareng.

Le *criquet migrateur* se reconnaît à ses ailes inférieures incolores. On le rencontre en automne dans toute la France et, comme généralement il n'est pas en grand nombre, il ne cause aucun mal. Mais, quand il apparaît en grande quantité, il devient très nuisible ; ainsi en Provence et surtout dans la Camargue il cause de très grands ravages.

On ramasse les adultes et les jeunes sujets sans ailes au moyen de filets ou de draps qu'on traîne ; on les pousse dans des fossés où on les couvre de terre ou bien encore on les brûle comme nous l'avons indiqué.

Les enfants pourraient rendre de grands services en ramassant les adultes et les larves et surtout les glèbes d'œufs sur la terre et sur les petites pierres.

Le *criquet italique* se reconnaît à ses ailes inférieures rosées, on le voit parfois en troupes très nombreuses et très nuisibles en Provence ; on le rencontre quelquefois assez nombreux aux environs de Paris, mais il n'est guère nuisible.

Le *criquet à ailes bleues* bordées de noir est une espèce très commune en automne sur les coteaux arides, dans les bois secs des vignobles.

Cette variété remonte plus au nord de la France que celle à ailes rouges, où malgré son abondance elle est rarement nuisible.

VOYAGE DES GRANDES SAUTERELLES OU CRIQUETS PÈLERINS ET DES CRIQUETS MIGRATEURS.

Ces insectes sont généralement enlevés par les vents violents d'est et de sud-est, emportés à travers l'atmosphère, où, comme nous l'avons dit, leurs ailes leur servent de parachute, sans leur permettre toujours de se diriger vers un but quelconque. Souvent des nuées dè Sauterelles s'élèvent des steppes du sud-est de la Russie, entre le cours du Don et celui du Dnieper ou Borysthène. Le vent d'est les pousse vers les parties plus ou moins cultivées et civilisées de l'Europe orientale. En suivant par terre leur itinéraire, il y aura sur tout le trajet une pluie de Sauterelles ; mais tant que la nuée ne passera ni sur une forêt, ni sur un pays cultivé, tant qu'elle sera emportée au-dessus d'un pays nu et désert, couvert seulement d'une maigre et rare végétation, de plantes sauvages, on ne ramassera pas une seule Sauterelle qui soit descendue à terre volontairement ; celles qui joncheront le sol seront les mortes ou les malades incapables de suivre le gros de la troupe et forcées par épuisement de se laisser tomber. Mais quand la nuée de Sauterelles passe au-dessus d'une forêt, aussitôt des milliers de ces insectes, repliant à demi et très volontairement leurs parachutes, se laissent tomber et s'accrochent à toutes les feuilles pour les dévorer. Toutes ne sont pas cependant en état de résister à l'impétuosité du courant aérien qui les entraîne ; le nuage amoindri, mais non dissipé, poursuit sa route. Partout sur leur passage, où les Sauterelles voient des bois et des champs cultivés, elles laissent en arrière les plus fatiguées, les plus affamées, les plus pressées de prendre terre, jusqu'à ce qu'enfin la masse entière vienne s'abattre sur les plaines de la Hongrie, où les vents d'est et de sud-est, qui ont apporté les Sauterelles, sont refoulés par l'immense contre-fort des monts Carpathes ou Krapachs.

MOYENS DE DESTRUCTION.

Si l'on en croit les anciens auteurs, il existait autrefois en Chypre une loi qui obligeait de faire chaque année la guerre aux Sauterelles : 1° en cassant leurs œufs ; 2° en tuant leurs petits ; 3° en faisant mourir les insectes parfaits.

Aux époques de foi, on avait peu confiance dans les divers procédés conseillés pour détruire les Sauterelles. Aldrovande avoue que trop souvent les ressources de l'esprit humain n'y servent de rien, et que l'unique moyen d'exterminer ces insectes est de recourir à Dieu par des prières publiques.

La Sauterelle est comestible. Tout le monde sait que saint Jean-Baptiste a mangé des Sauterelles dans le désert. Les peuples de l'Orient s'en régalèrent pendant longtemps et s'en régalent quelquefois encore. Les acridophages, pour prendre les Sauterelles, faisaient dans des endroits profonds des feux qui produisaient beaucoup de fumée, et aux époques de leur passage ces insectes étaient asphyxiés par cette fumée et tombaient sur le sol. C'était autrefois la coutume à Athènes de porter régulièrement des Sauterelles au marché. Aristophane dit qu'on les vendait, comme l'on vend les oiseaux chez nous.

Les Sauterelles doivent aussi avoir été une nourriture dans la Judée, puisque Moïse avait permis aux Juifs d'en manger de quatre sortes, qui sont spécifiées dans le Lévitique.

La méthode de destruction employée près de Szohlnock, en Hongrie, a été rapportée par M. de Gourcy. On sait que les plaines immenses comprises entre le cours du Danube et celui de la Huiss, qui coule parallèlement au grand fleuve, longtemps avant de se réunir à lui, sont en grande partie livrées à la culture de la pomme de terre. Les cultivateurs font sécher et conservent en meules dans les champs les tiges ou *fanes* de la plante, à l'époque de la récolte. S'il se présente des nuées de Sauterelles à l'été suivant et qu'elles ne passent pas à une trop grande hauteur au-dessus du sol, on allume, de distance en distance, des feux de branchages et de tourbes qu'on alimente avec les fanes de la pomme de terre ; le principe narcotique contenu dans ces fanes, analogue au principe enivrant du tabac, asphyxie les Sauterelles et les fait tomber par millions sur le sol. On se hâte alors de donner un labour profond en sacrifiant la récolte, et de deux maux on en évite au moins un, celui de l'épidémie pour les gens et de l'épizootie pour le bétail. Cette opération rend, en outre, un signalé service aux cantons du voisinage que les Sauterelles auraient ravagés; mais ce moyen, on le conçoit, n'est pas applicable partout et les circonstances ne lui permettent pas toujours de réussir.

Les Sauterelles ne causent pas chez nous des ravages aussi redoutables que ceux produits par les grandes espèces de l'Orient. Il est vrai que la femelle pond autant d'œufs et consomme individuellement à peu près autant de matière végétale fraîche. Mais ces œufs, déposés en terre seulement à 5 ou 6 centimètres de la surface, sont toujours atteints par le soc de la charrue. Ou bien, comme le fait observer M. Ysabeau, le labour les écrase, ou bien il les enfonce à une profondeur telle que les jeunes Sauterelles, quand elles viennent à éclore, meurent faute de pouvoir sortir de terre; ou bien, enfin, et c'est ce qui a lieu le plus souvent, le soc, en retournant la terre, ramène les œufs de Sauterelle à la surface, où ils deviennent la proie des oiseaux insectivores et surtout des corbeaux. Il suffit même que les plaines qu'on ne laboure pas soient livrées aux parcours des bestiaux, pour que les Sauterelles y soient en presque totalité écrasées sous les pieds des troupeaux, avant d'avoir acquis des ailes qui leur permettent de prendre une fuite précipitée par bonds d'une certaine portée; car si leurs ailes ne leur servent pas à voler, elles les ouvrent au moment où elles prennent leur élan pour sauter, ce qui les aide à franchir à chaque bond un plus grand espace.

On a conseillé à la suite du labour, quand le sol est retourné, de conduire en automne des troupeaux de dindons à jeun dans les champs pour y dévorer les œufs des Sauterelles. Cependant il ne faut pas abuser du moyen. Cette nourriture communique, dit-on, aux œufs une couleur noire et un goût désagréable et peut produire la dysenterie suivie de mort chez les volatiles qui en mangent une certaine quantité. Le meilleur moyen est le labour profond à la charrue, qui enfonce les œufs des Sauterelles à une profondeur assez grande pour que les petits soient étouffés dès leur naissance.

TAUPE-GRILLON OU COURTILIÈRE

(*Gryllotalpa vulgaris*, Latreille).

Le Taupe-grillon a certainement un air de parenté avec le Grillon. Sa tête est ronde comme la sienne ; des ailes membraneuses et droites se moulent également sur le corps. Mais il en diffère par un abdomen beaucoup plus allongé.

Quant à sa ressemblance avec la Taupe, elle réside surtout dans les deux mains antérieures dont le Taupe-grillon se sert pour creuser des galeries souterraines. Il est vrai que la comparaison ne saurait être poussée plus loin ; car si la Taupe chemine ainsi à la recherche des larves des insectes nuisibles à l'agriculture, la Courtilière mange les racines qu'elle rencontre et arrête par là même le développement de la plante.

Les mœurs de cet insecte sont des plus intéressantes à étudier. La femelle montre la plus vive sollicitude pour ses œufs. Elle creuse à portée de sa galerie une chambre de forme ovale, bien lissée et communiquant avec le dehors par un couloir sinueux et dont l'ouverture est hermétiquement close. Elle pond dans cet espace, long de 50 millimètres et large de 26 millimètres, trois ou quatre cents œufs qui ont la grosseur d'une graine de turneps et sont d'un jaune brun. Ils sont ainsi proté-gés contre un petit scara-bée qui en est très friand.

La ponte a lieu en juin, et les jeunes insectes éclo-sent un mois après, en juillet et en août. Ils com-mencent immédiatement à manger les racines tendres des plantes environnantes, soit blé, gazon ou autres végétaux ; les champs de maïs sont quelquefois litté-ralement mis à sac par ces insectes , et lorsqu'ils n'en trouvent plus, ils vont chercher ailleurs leur nour-riture. Mais aussitôt après leur première mue, ils se dispersent pour vivre isolé-ment.

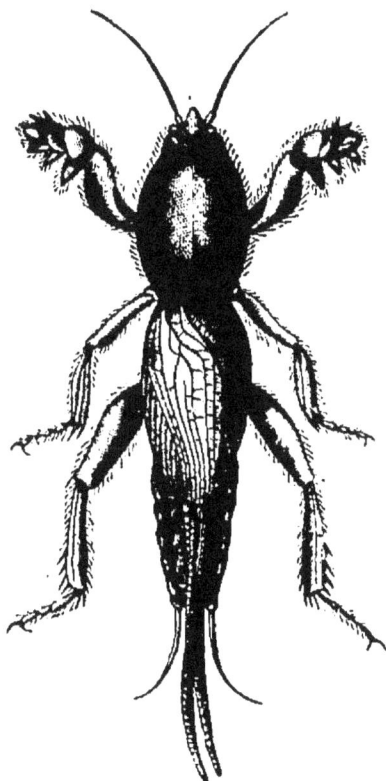

Taupe-grillon, grandeur naturelle.

Leur présence se reconnaît aux places jaunes et flé-tries qui gâtent les prairies et par un semblable dé-sordre dans les jardins.

MOYENS DE DESTRUCTION.

Voici le moyen de s'en débarrasser. On mouille lé-gèrement les couches de terrain pour les attirer pendant la grande ardeur du soleil, car ces insectes aiment beaucoup l'eau et l'humidité ; ce sont pour ainsi dire des animaux amphibies. Ils accourent à la superficie et on les attend pour les détruire.

On peut avoir recours à cet autre moyen : verser dans les galeries de l'huile et de l'eau de savon mélangées. Les stigmates des insectes étant bouchés, la respiration ne se fait plus et les Courtilières meurent.

A Berlin, on en prend cent mille chaque année en enfonçant à 5 centimètres au-dessous du sol des pots à fleur avec trente gouttes d'huile de térébenthine dans chacun.

En juin et en juillet, enfin, les œufs sont facilement détruits. Il suffit d'un coup de bêche qui ouvre la chambre dans laquelle ils sont renfermés.

M. Brunsvick rapporte dans le *Journal de l'Agriculture*, année 1867, qu'après avoir employé les huiles, la suie et les urines, il eut l'idée d'employer du goudron d'une usine à gaz voisine. Les résultats ont dépassé toutes ses espérances. En y versant, le matin, la quantité d'un verre à liqueur de goudron, les entrées des nids infectés par ce liquide suintent toute la journée ; l'insecte voulant sortir le soir meurt étouffé sur le bord du trou ; en essayant de passer, il s'est enduit de goudron et s'est bouché l'appareil respiratoire. Les pots à fleurs enterrés près des gazons sont d'excellents pièges, mais le meilleur moyen consiste à détruire entièrement le nid, vers la mi-juillet, à l'éclosion des œufs. Un fréquent labourage et un binage dérangent beaucoup ces insectes qui désertent lorsqu'ils sont contrariés.

Scopoli prétend que la Courtilière est attirée par le fumier de cheval et éloignée par celui de cochon. C'est une erreur : le fumier de porc l'attire, car il existe dans nos pays un préjugé qui fait généralement croire que ce fumier engendre ces insectes ; il a été même difficile de combattre ce préjugé.

Le Carabe doré, connu sous les noms vulgaires de jardinier, de *cheval du bon Dieu*, etc., fait une guerre acharnée aux jeunes, qui sont toujours au nombre de 300 à 400 dans chaque nichée. M. Curtis, dans son *Farm insects*, prétend que ces insectes se mangent les uns les autres. Nous n'avons pas encore vu ces carnages, mais il est probable que cela existe. Les taupes, les corbeaux et les pies-grièches dévorent un grand nombre de Courtilières.

BARBITISTE OU PORTE-SELLE

(Ephippigera vitium).

Audoin déclare qu'on n'a observé dans les vignes qu'une seule espèce d'insecte appartenant à l'ordre des Orthoptères ; c'est un insecte de la famille des Locustiens qu'on reconnaît à des antennes sétacées extrêmement longues, à des cuisses postérieures fort grandes et propres au saut, à des tarses de quatre articles, et à la présence d'une tarière ou oviducte qui termine l'abdomen des femelles.

Cet insecte appartient au genre Barbitiste, caractérisé par un prothorax ou corselet très grand, déprimé au milieu, relevé sur les côtés en forme de selle ; d'où son nom de Porte-Selle. Il donne abri, à sa partie postérieure très relevée, aux élytres très épaisses et très courtes, recouvrant des ailes très rudimentaires en forme d'écailles, ne pouvant servir qu'à produire des sons au moyen de leur frottement l'une contre l'autre, comme pour les Sauterelles et les Criquets.

Cet Orthoptère est long de 1 centimètre et complètement vert, si ce n'est la tête, où l'on remarque quatre lignes longitudinales très fines de couleur brune. L'abdomen est vert et sans aucune tache ; les antennes sont très longues et verdâtres, la tarière de la femelle est longue, étroite et de la couleur générale du corps.

La ponte a lieu en automne : la femelle loge ses œufs en terre aussi profondément que le lui permet sa longue tarière. Les larves se montrent au printemps suivant, sous le même aspect que l'insecte parfait, à l'exception des élytres qui lui font défaut dans le jeune âge ; ces organes ne commencent à paraître qu'à l'avant-dernière mue ; l'insecte se trouve alors à l'état de nymphe et jouissant de presque toute son activité ; il devient adulte après son dernier changement de peau.

Barbitiste ou porte-selle.

Le Porte-Selle ne se réunit pas en troupes; il vit presque toujours isolé, mais on en voit souvent qui se réunissent ensemble sur les arbres et les arbustes qu'ils fréquentent. Il n'est pas ordinairement en assez grand nombre dans les vignes pour qu'on ait à redouter ses ravages. Cependant, dans quelques localités, ses dégâts ont été parfois assez considérables. Il entame les grains de raisin avec ses mandibules, mange leur pulpe tout en respectant les enveloppes, et mutile de cette façon des grappes entières.

MOYENS DE DESTRUCTION.

A l'automne, quand il se montre, sa taille permet facilement aux vignerons d'en saisir avec la main un certain nombre et de les détruire.

Dans la grande culture, le moyen le plus expéditif de se débarrasser des Barbitistes, c'est de former dans les champs, de distance en distance, de petits tas de fumier de vache, de fumier de cheval en hiver; la chaleur attire les insectes qui viennent s'y loger et y chercher des larves. On passe alors de temps en temps, on culbute vivement le tas d'un coup de fourche et on écrase les Barbitistes; mais il faut agir prestement, car elles ont bientôt regagné leurs galeries.

Les taupes et les oiseaux insectivores en détruisent beaucoup; on assure que l'emploi des tourteaux de colza, de navette, de chanvre, etc., broyés et enterrés par un labour, amène la destruction de ces insectes.

LÉPIDOPTÈRES

ALUCITE OU TEIGNE DES GRAINS

Après le Charançon, l'Alucite est un des insectes qui causent les plus grands dommages aux blés. On fut longtemps avant de se douter des ravages produits par ce petit papillon, assez semblable aux Teignes de nos appartements, dont la chenille dévorant les blés, les orges, les seigles, s'est multipliée d'autant plus aisément qu'on le connaissait moins. Importée en France ou observée pour la première fois vers l'année 1750 dans la Charente-Inférieure, l'Alucite ne tarda pas à se répandre dans les provinces voisines, l'Aunis et la Saintonge. Vers 1780, elle commençait à paraître dans le Limousin. En 1807 ou 1808, elle apparut dans le département de l'Indre. En 1826, elle pénétrait dans la partie méridionale du Cher.

Le Limousin, le Berry, le Nivernais, la Touraine, le Blaisois, la Sologne, etc., qui n'étaient point affligés par l'Alucite à l'époque où Duhamel et Tillet furent chargés d'une mission spéciale par l'Académie des sciences (1760), en sont envahis ; on compte 14 départements complètement ravagés par l'Alucite, qui déjà se répand vers la Beauce, malgré l'obstacle bien réel que la Loire opposait au passage ou à la migration

de cet insecte. Tel était l'envahissement de l'Alucite
lorsque le docteur Herpin (de Metz), qui a consacré sa
vie et sa science à des questions de première utilité,
adressa à la Société royale et centrale d'agriculture un
mémoire des plus pressants sur ce sujet. Il constatait
que dans douze ou quinze de nos départements du
Centre et du Midi, où la culture
des céréales est à peu près la seule
qui soit pratiquée, le froment, le
seigle sont attaqués sur pied, et
avant leur maturité, par des my-
riades de teignes dont les larves,
logées dans l'intérieur du grain de

Alucite des grains.

blé, en dévorent la substance farineuse, qu'ils remplacent par leurs excréments; que ces insectes subissent sous l'enveloppe protectrice du grain leurs différentes métamorphoses; qu'à l'époque de la moisson,
un quart, un tiers et quelquefois plus des épis sont
déjà dévorés; que la plupart des autres grains, qui paraissent sains et intacts, renferment néanmoins dans
leur intérieur le germe de l'insecte destructeur; que
ces larves sont quelquefois si nombreuses qu'en ser-
rant avec la main une poignée de blé ou d'épis alucités,
on en exprime un fluide blanchâtre, visqueux, qui
est la substance même du corps des insectes écrasés;
que les grains plus ou moins vidés et aplatis par la
pression de la main restent adhérents et agglomérés
comme ferait du son mouillé; enfin que les ravages
de l'Alucite se continuent dans les greniers, dans les
granges, à tel point que si le battage ou la mouture
sont retardés de quelques mois, les trois quarts des
récoltes sont perdues.

Le pain qui provient des blés attaqués par l'Alucite,
et surtout lorsque la farine n'a pas été convenable-

ment blutée, contient des débris de cadavres et d'excréments des insectes : il a un goût désagréable, rebutant, qui prend à la gorge ; il manque de liaison et se laisse aller dans l'eau comme le ferait un morceau de terre.

On attribue même à l'usage de cette nourriture insalubre un mal de gorge très dangereux qui règne depuis quelques années d'une manière épidémique dans les contrées affligées par l'Alucite. Cette maladie se manifeste par des ulcérations gangréneuses qui se forment dans l'arrière-bouche, et les malades succombent en peu d'heures, avant même qu'on ait pu leur administrer des secours.

Suivant les contrées, l'Alucite se nomme Papillon, Teigne, Pou volant. Elle a été souvent confondue avec un autre ennemi des céréales, la Teigne des blés, dont l'aspect et les mœurs sont, comme nous le verrons, différents.

L'Alucite n'a été classée par les naturalistes qu'en 1789 dans l'Encyclopédie méthodique ; elle fut désignée sous le nom d'Alucite des céréales. C'est un insecte lépidoptère nocturne, ou papillon de nuit de la tribu des tinéites ; il a 6 à 7 millimètres de long. A l'état de repos, il porte ses ailes repliées le long du corps, de façon à former au dos de l'animal un toit arrondi presque plat. La tête est dégarnie de poils et pourvue d'antennes filiformes ; on y voit en dessous une petite trompe bien apparente. Entre les deux antennes se distinguent comme deux petites cornes très relevées en haut et facilement reconnaissables. La couleur générale de ce petit animal est d'un gris couleur de café au lait. Les deux paires d'ailes sont garnies, à leur bord postérieur et à leur extrémité, d'une frange touffue. Nous insistons sur ces carac-

tères, parce qu'ils servent à distinguer l'Alucite de la
Teigne des blés. Son nom vient du mot latin *alluceo*,
briller, sans doute à cause du reflet métallique des
ailes.

Supposons une Alucite à l'état de papillon ; voyons
comment elle se multiplie. Dès qu'une femelle est fécondée, elle va en voltigeant autour des épis du froment ou de l'orge : elle s'adresse de préférence au
froment, soit sur pied ou dans les greniers, dépose ses
œufs à la surface du grain et particulièrement dans
l'intérieur de la rainure. Les œufs sont rouges, longs
de 2/3 de millimètre.

Au bout de huit à dix jours, on voit sortir une chenille ou petit ver blanc, long de 6 à 7 millimètres
sur 1 de large ; à peine née, cette jeune larve, qui est
armée de fortes mandibules ou mâchoires, pratique
une ouverture presque imperceptible dans l'écorce
du grain, dans la rainure même, pénètre et s'établit
dans l'intérieur, qu'elle dévore peu à peu, de telle
sorte qu'après quelques semaines seulement, il ne
reste plus du blé qu'une vessie creuse formée par le
son ou l'enveloppe corticale du grain.

L'insecte protégé, garanti par l'écorce même contre
l'action de la plupart des corps extérieurs, exerce ses
ravages avec d'autant plus de sécurité qu'aucun signe
apparent ne vient avertir le cultivateur de la présence
de ce redoutable ennemi, si ce n'est toutefois la chaleur extraordinaire qui se développe spontanément
dans les tas de blé alucité et la diminution progres-
sive du poids du grain.

En effet, ce blé qui, à l'époque de la récolte, pe-
sait 75 à 80 kilogrammes l'hectolitre, a perdu 10, 20,
même 50 p. 100 et plus de son poids ; la substance
farineuse qu'il contenait a disparu plus ou moins, elle

est remplacée par les excréments, la peau et les débris des insectes ; les grains sont plus ou moins vides,
quelquefois il n'en reste plus que la coque. L'Alucite
reste à l'état de chenille, larve ou ver, pendant vingt
ou vingt-cinq jours. A ce moment, la larve se change
en nymphe, elle commence un travail intérieur très
analogue à celui de la formation du poulet dans
l'œuf ; son corselet, son abdomen, ses pattes, ses
ailes, tous les organes fort compliqués nécessaires à
son existence parfaite, se forment successivement. Ce
travail d'achèvement d'insecte parfait dure de huit à
dix jours ; alors l'Alucite brise sa prison et en sort à
l'état de papillon. Souvent, à l'époque de la moisson,
on voit déjà sortir des gerbes un grand nombre de
papillons d'Alucites. Cette génération est produite en
grande partie par les insectes qui étaient contenus
dans le blé employé pour la semence, qui passent
l'hiver dans la terre et en sortent vers la mi-juin,
pour pondre sur les jeunes épis. Cette première
génération a déjà parcouru toutes les phases de
son développement avant que la récolte soit rentrée.

Ces papillons s'accouplent peu de temps après être
éclos, et la ponte des femelles a lieu immédiatement
après. Chaque femelle dépose un œuf sur chaque
grain, elle recommence la même opération jusqu'à
ce qu'elle ait achevé toute sa ponte, qui est d'une
centaine d'œufs. Comme elle ne mange pas pendant
sa période de papillon, sa ponte achevée, elle meurt :
c'est l'affaire de deux ou trois jours. Souvent éclose
le matin, elle pond dans le courant de la journée
et meurt de vieillesse le lendemain ; l'existence du
mâle est encore plus courte que celle de la femelle. Eh bien, pendant cette vie éphémère à l'état

parfait, l'Alucite enlève des millions à l'agriculture.

On a calculé qu'un seul couple d'Alucites, faisant chaque année deux pontes de quatre-vingts œufs, chaque ponte pouvait donner naissance à plus de cent mille individus en moins de trois ans ; chiffre véritablement effrayant, surtout en songeant à la facilité avec laquelle l'Alucite se répand et se propage de proche en proche, soit par la migration des papillons, qui, quoique faibles et débiles, peuvent cependant se transporter et surtout être transportés par les vents à la distance de plusieurs centaines de mètres ; mais surtout par le commerce des blés attaqués, qui porte au loin et sans qu'on s'en aperçoive l'insecte renfermé et caché dans l'intérieur du grain, et les germes de l'insecte, c'est-à-dire ses œufs, qui sont déposés dans la rainure du blé, auquel ils adhèrent fortement à l'aide d'une matière glutineuse particulière, de telle sorte que les nettoyages, les pelletages, le crible, le tarare ordinaire, les atteignent peu ou même pas du tout.

Caractères essentiels qui peuvent faire reconnaître le blé alucité. — Le cultivateur sera averti de la présence des papillons de l'Alucite, par l'existence des grains piqués, et s'il prend une certaine quantité de grains et qu'il les jette dans un seau d'eau, tous iront au fond si le blé est sain ; si, au contraire, les grains sont alucités, ils surnageront tous : cela tient à ce que le blé alucité diminue de poids à mesure que sa farine est dévorée. Les animaux domestiques refusent absolument de toucher à ces grains, dont la farine impure, grise et terreuse, est infectée d'un goût de vermine intolérable.

MOYENS DE DESTRUCTION.

Parmi les moyens indiqués pour détruire l'Alucite, nous citerons d'abord la chaleur, qui est, selon les remarques du docteur Herpin, l'un des moyens les plus avantageux connus jusqu'à ce jour pour détruire l'Alucite et les autres insectes du blé.

Les expériences faites par Duhamel dans les fours et les étuves, celles de la Société d'agriculture du Cher avec le moulin de M. Verrasse-Desbillons et le brûloir de M. Cadet de Vaux, celles qui ont lieu au moyen des appareils à vapeur de MM. Robin et d'Haranguier de Quincerot, établissent d'une manière évidente et péremptoire les avantages de cet agent. Cependant l'emploi du calorique présente quelques difficultés, exige certaines précautions pour régler la température, pour empêcher qu'une partie du grain ne soit brûlée ou chauffée trop fortement, tandis qu'une autre ne le serait pas assez.

D'un autre côté, la dessiccation fait subir au grain une certaine diminution de volume, ce qui cause une perte pour le cultivateur qui vend à la mesure.

Néanmoins, malgré ces légers inconvénients, le calorique peut être appliqué et utilisé très avantageusement.

Loin de nuire au blé, la dessiccation en favorise beaucoup la conservation, même pendant plusieurs années.

L'expérience a démontré que les œufs, les chenilles et les chrysalides de l'Alucite, ainsi que les Charançons, sont détruits dans l'intérieur même du blé par une chaleur de 50 degrés centigrades uniformément soutenue. Mais il ne faut pas dépasser 60 degrés; car, à partir de 65 à 70 degrés, il commence à perdre ses qualités germinatives et n'est plus bon pour les semences. Au-dessous de 70 degrés, la farine ou plutôt le gluten éprouve déjà une certaine altération, et le grain perd de ses qualités. Le degré de température convenable est 55 degrés; on pourra, sans le thermomètre, juger cette température à la main. A ce degré, le blé est un peu humide, et c'est à peine si l'on peut y tenir la main. L'application du calorique à la destruction des insectes du blé, Alucites et Charançons, peut avoir lieu de plusieurs manières : par le chauffage direct à feu nu, par le chauffage dans le four, les étuves, etc., par le chauffage à la vapeur ou à l'air chaud.

D'abord par le chauffage direct ou à feu nu lorsqu'on soumet le grain directement à l'action du feu dans des vaisseaux appropriés.

Le brûloir de M. Cadet de Vaux consiste en un cylindre en tôle, tournant horizontalement sur son axe, au-dessus d'un fourneau incandescent. C'est un appareil en tous points semblable à celui dont se servent les épiciers pour griller le café. Mais la grande dépense de charbon, l'inconvénient auquel on est exposé de brûler le blé, ont fait abandonner cet appareil.

Herpin de Metz a disposé dans un fourneau de forme oblongue un canon de fusil, ouvert par les deux bouts, et mieux un tube en tôle, méplat, de 5 centimètres de largeur, dans une position inclinée à l'horizon, d'environ 40 centimètres pour 1 mètre de longueur du tube. Celui-ci communique par sa partie supérieure avec une trémie contenant le grain qui s'échappe par une ouverture munie d'un tiroir, pour s'écouler en descendant par l'intérieur du tube chaud dont il est question.

Au sortir du tube convenablement chauffé, le grain avait acquis une augmentation de température d'environ 12 degrés centigrades. En faisant repasser à trois reprises successives le même blé par l'intérieur du tube échauffé modérément, la température du grain s'est élevée promptement à 55 degrés. Comme le grain est toujours en mouvement en passant dans l'intérieur du tube chauffeur, comme il n'acquiert dans ce parcours qu'une augmentation de 12 à 15 degrés, et comme il est, par conséquent, nécessaire de le repasser plusieurs fois dans le tube pour l'amener au degré de chaleur voulu, c'est-à-dire à 55 degrés centigrades, on ne court aucun risque de brûler le blé.

Ce procédé, simple et économique, pourrait être avantageusement employé par les petits cultivateurs qui, tout en se chauffant pendant les soirées d'hiver, voudraient, sans une augmentation notable de dépenses, assainir leurs blés et les purger d'insectes.

Il suffirait de disposer pour cela le tuyau de conduite de fumée d'un poêle ordinaire ; on placera dans l'intérieur de ce tuyau un ou deux autres tubes en tôle méplats de 1ᵐ,50 de longueur, 5 centimètres de largeur et 2 centimètres de hauteur. Ces tubes devront sortir d'environ 20 centimètres à chaque bout du tuyau de conduite de la fumée ; celui-ci, au lieu d'être droit et vertical, devra être coudé et incliné de bas en haut d'environ 50 à 60 centimètres par mètre pour la longueur des tubes. La partie supérieure du tube chauffeur est en communication avec une trémie munie d'une trappe pour régler la sortie du grain qui devra entrer dans l'intérieur des tubes ; au-dessous de l'extrémité inférieure

de ceux-ci on placera une corbeille pour recueillir
le grain.

Vers la partie du coude inférieur, les tubes ou ca-
nons devront être recouverts d'une enveloppe de tôle
pour les préserver de l'action trop vive de la flamme.
On peut obtenir facilement et d'une manière exacte
la température de 55 à 60 degrés centigrades que le
grain doit atteindre pour que la destruction des
insectes qu'il contient ait lieu d'une manière certaine.

En ouvrant ou en fermant la porte du foyer du
poêle et la clef pour accélérer ou ralentir la combus-
tion, en faisant varier de quelques centimètres l'in-
clinaison du tuyau, ce qui accélère ou ralentit un
peu la descente du grain dans les tubes chauffeurs,
on n'est jamais arrêté dans sa marche par un obstacle
quelconque. Il faut aussi se rappeler que plus on
fait passer de grain à la fois, moins il s'échauffe pendant son parcours dans le tube. Enfin il faut repasser
immédiatement et successivement deux, trois et
même quatre fois le grain sortant des tubes chauffeurs, jusqu'à ce qu'il ait atteint la température
voulue, 55 degrés centigrades.

On conserve pendant plusieurs heures la chaleur
du blé en le mettant en tas et le couvrant avec des
couvertures de laines pour achever la destruction des
insectes qui auraient pu échapper à l'opération.

Chaufournage. — Un autre moyen à employer,
c'est le chaufournage. Les habitants des campagnes,
dit Duhamel, pourront se contenter de passer leurs
blés dans les fours assez échauffés pour tuer leurs
insectes et leurs œufs.

On a fait, ajoute-t-il, bien des objections contre cette
pratique, parce qu'elle a été également mal exécutée,
et au lieu de chercher à remédier aux inconvénients,

on a dit que le four gâtait le blé, tandis que c'est le contraire qui a lieu, car le blé prend de la qualité lorsque l'opération a été bien faite. Pour cela, il faut, selon la méthode Herpin, enfourner le blé dans des caisses en planches de bois blanc de la contenance d'un hectolitre environ, ayant de 1 mètre à 1^m,20 de longueur, 30 à 50 centimètres de largeur, et 20 à 30 centimètres de hauteur, ouvertes en dessus.

Le fond de ces caisses, au lieu d'être en bois, est en toile métallique assez forte ; il est cintré par-dessus, de manière à former une voûte très surbaissée.

Ces caisses sont supportées par des galets, ou roulettes en fonte, ou en faïence, qui permettent de placer et de ranger commodément les caisses dans l'intérieur du four, de les en retirer à l'aide de poignées en bois ou en cordes et de crochets, pour remuer le blé qu'elles contiennent.

Au moyen de ces caisses, fort peu coûteuses, le blé ne se trouve plus en contact immédiat avec l'âtre ou les parois du four, et par conséquent il n'est plus sali par les cendres. On peut changer les caisses de place, les retirer pour remuer le grain, et vérifier exactement le degré de température auquel il est arrivé.

Un four de grandeur ordinaire peut contenir cinq ou six caisses de la dimension indiquée, c'est-à-dire que l'on peut dessécher et assainir de cette manière, et sans aucune dépense, cinq à six hectolitres de grain en quelques heures, sans autre soin que de s'assurer de temps en temps du degré de température du grain.

Chauffage par la vapeur. — Les appareils à vapeur qu'on a construits jusqu'à présent pour l'assainissement des blés alucités, tels que ceux de M. Robin, de Chateauroux, de M. d'Haranguier de Quincerot, de Bourges, n'ont pas répondu complètement aux espé-rances que l'on avait conçues d'un moyen aussi puis-sant d'application du calorique, avec lequel on peut obtenir facilement, économiquement et régulière-ment, toute température dont on peut avoir besoin, et surtout la régler d'une manière exacte et précise.

La manière la plus convenable d'utiliser le chauffage à la vapeur serait de mettre le grain dans une boîte cylindrique en métal, bien fermée, de la contenance d'un hectolitre environ, tournant horizontalement sur son axe, semblable au brûloir à café.

Ce cylindre serait renfermé dans une caisse métal-lique remplie de vapeur d'eau et munie d'une soupape de sûreté.

Il suffirait de tourner le cylindre deux ou trois fois pendant la durée de l'opération pour répartir la cha-leur d'une manière uniforme dans la masse du grain.

Avec une chaudière de la contenance de 8 à 10 litres et une dépense de quelques centimes de coke ou de charbon de terre, on pourrait, au moyen de cet appa-reil, assainir quelques hectolitres de blé par heure.

Moyens mécaniques. — La compression peut enfin être employée avec quelque succès pour la destruc-tion de l'Alucite. Et c'est encore à Herpin de Metz, qui a parfaitement étudié les moyens de destruction exposés ci-dessus, que nous devons d'avoir le premier imaginé le procédé mécanique de détruire l'Alucite au moyen d'un secoueur mécanique analogue aux tarares, muni d'ailettes de bois ou de fer, marchant avec une très grande vitesse. Les secousses et les chocs que reçoit le blé en passant par cette machine sont si violents que les œufs sont brisés, que l'insecte est meurtri, assommé dans l'intérieur même du grain. Cette machine, qui a été appelée par son inventeur *tarare brise-insectes*, est aussi désignée sous le nom de *tue-teignes*.

Le blé, projeté au loin par la force de la machine, est trié ou séparé en plusieurs qualités, comme cela a lieu quand on le jette à la roue. Au moyen du tarare à percussion ou tue-teignes de M. Herpin, non seulement on peut purger le blé des Charançons et des Alucites adultes qui sont mélangés avec le grain, mais encore des larves et des chrysalides que celui-ci renferme dans son intérieur.

En somme, le meilleur moyen à employer, c'est de battre le plus tôt possible les blés alucités, de les pelleter souvent et mieux encore de ne pas en réserver pour la semence.

FAUSSE TEIGNE DES BLÉS

(Papillon ou Ver des blés).

Réaumur appelait *Teignes* tous les papillons nocturnes dont les chenilles glabres, de couleur jaune blanchâtre, vivent et se métamorphosent dans des fourreaux fusiformes, fixes ou portatifs, de la couleur des substances dont elles se nourrissent. Quand l'étui n'est pas fixe et que la chenille l'emporte avec elle, l'insecte se nomme *Œcophore*, qui veut dire porte-maison. Quand les étuis des Teignes sont fixes, Réaumur les appelle Fausses Teignes. Cette dénomination est mauvaise, en ce qu'elle renferme certaines espèces de pyrales et d'aglosses qui s'éloignent complètement du genre Teigne.

La Fausse Teigne appartient à la même famille que

l'Alucite ou Teigne ; on les a longtemps confondues. Les dénominations différentes données à ces deux insectes ont également contribué à jeter de la confusion dans les descriptions. Puisqu'on a souvent appelé l'Alucite *Teigne des grains,* nous conserverons le nom de Fausse Teigne à l'insecte qui n'est pas l'Alucite. En cela, du reste, nous sommes d'accord avec le grand naturaliste Réaumur. A l'état de chenille, la Fausse Teigne marque sa présence dans les tas de froment, en liant entre eux deux ou trois grains par une espèce de coque soyeuse, autour de laquelle on trouve des points ronds blanchâtres, qui sont les excréments de l'insecte.

C'est aussi quand le blé est au grenier qu'il est attaqué par la Fausse Teigne, dans la première quinzaine d'août. Elle se tient à la surface des tas de blés, cachée entre les deux ou trois grains dont elle s'est formé un fourreau. Elle sort en partie de son habitation pour attaquer le grain le plus à sa portée, qu'elle lie aussi à son fourreau ; elle le perce à un bout et en mange la farine, elle y pénètre de plus en plus profondément et en consomme la substance. Si elle n'est pas rassasiée, elle entame un autre grain. Il n'est pas rare, dit M. Goureau, de voir presque tous les grains situés à la surface d'un tas de blé liés les uns aux autres et former un tapis d'un ou deux centimètres d'épaisseur, qu'on peut lever d'une seule pièce ou en plusieurs lambeaux.

Cette petite chenille parvient à toute sa taille dans la deuxième quinzaine d'août. Elle a alors 6 millimètres de long : elle est cylindrique, blanchâtre ; sa tête est d'un fauve marron, avec les mâchoires noirâtres ; le premier segment porte en dessus une grande tache d'un fauve pâle et les autres des points verruqueux de chacun desquels sort un poil ; elle est pourvue de seize pattes.

Quand on sépare, dit Huzard, les grains attachés entre eux, on voit qu'ils sont entamés en partie, et on trouve souvent dans l'un d'eux la petite chenille.

Après avoir vécu un certain temps, elle doit se changer en chrysalide ; mais, pour cette métamorphose, elle abandonne les grains, quitte sa coque, et se retire le long des murs du grenier, le long des poutres et des parties en planches préférablement, s'y suspend par la partie postérieure de son corps, et se transforme en chrysalide, comme on le voit faire à un grand nombre d'autres chenilles.

A cette époque, le nombre des chenilles sur les tas de blé, sur les murs et sur les parties en bois, est plus ou moins considérable ; et comme elles ressemblent assez à de petits vers, on leur a donné le nom de *vers des blés*. On dit alors, dans les greniers où il s'en trouve ordinairement, que le ver monte ; bientôt les chenilles se changent en chrysalides, et un papillon ne tarde pas à en sortir.

Les auteurs ne sont pas d'accord sur le lieu que choisit la Fausse Teigne pour se métamorphoser : selon les uns, elle se retire dans son fourreau et y subit son changement ; selon d'autres, elle reste dans le grain qu'elle a vidé. M. Charles Goureau dit avoir trouvé quelques chenilles dans les grains de blé qu'elles avaient rongés en attendant leur métamorphose. Quoi qu'il en soit, elles passent l'hiver à l'état de chrysalide, et le papillon s'envole dans le mois de juin ou le mois de juillet suivant.

Une fois transformée en chrysalide, la Fausse Teigne ne mange plus : elle ne fait donc plus aucun ravage dans les grains, et sa présence nuit seulement parce que les papillons y déposent des œufs pour une nouvelle génération. Ces papillons ne cherchent point à sortir des greniers; ils s'y cachent ordinairement, pendant le jour, dans les endroits les plus sombres.

Comment distingue-t-on l'Alucite de la Fausse Teigne? — Nous emprunterons aux *Mémoires de la Société d'agriculture*, année 1831, les caractères différentiels suivants, établis avec soin par Huzard fils et dont nous avons vu les expériences relatives au Charançon, à l'Alucite et à la Fausse Teigne.

La grandeur des deux insectes est la même.

La couleur des ailes de l'Alucite est plus claire que celle des ailes de la Fausse Teigne, elle approche plus de celle du café au lait; on n'y remarque point de taches.

La couleur des ailes de la Fausse Teigne est plus foncée, plus grise, et l'on remarque sur le fond, à la vue simple, des taches brunes transversales bien marquées.

Les ailes de l'Alucite forment aussi une table plane sur le dos ou très légèrement bombée, tandis que les ailes de la Fausse Teigne, à leur bord interne et à la partie postérieure seulement, se relèvent et forment entre elles un angle ou une espèce de toit incliné de chaque côté.

Entre les antennes de l'Alucite, il y a deux barbes qui s'élèvent au-dessus de la tête, en sorte que cette tête paraît porter deux petites cornes.

Entre les antennes de la Fausse Teigne, il n'y a pas de petites cornes.

La chenille de l'Alucite est complètement cachée dans le grain, sous l'écorce duquel elle s'introduit quand elle sort de l'œuf, époque où elle n'est pas encore visible à l'œil. Elle n'en sort pas, comme celle de la Fausse Teigne, quand on remue ce grain.

La chenille de l'Alucite ne sort pas non plus du grain pour se transformer en chrysalide ; ce n'est qu'à l'état de papillon qu'elle s'en échappe.

En sorte que dans un grain attaqué par l'Alucite on trouve ou la chenille, ou la chrysalide, ou la dépouille de celle-ci, et enfin la peau, plus petite encore, de la chenille.

Caractères différentiels tirés de l'aspect du grain. — On ne s'aperçoit que les grains sont attaqués par l'Alucite, avant l'apparition des papillons sur les tas de grains, qu'au poids spécifique moindre, et ensuite, quand ces insectes sont en grand nombre, à une chaleur intense qui s'y développe souvent en très peu de temps et qui précède de quelques jours la sortie des papillons.

Les grains ne sont pas liés entre eux par des espèces de coques soyeuses, comme ils le sont quand c'est la Fausse Teigne qui les attaque.

Les excréments de la chenille de l'Alucite ne se voient pas à l'extérieur, parce que ces excréments, quand ils sont jetés hors du grain, ce qui n'a lieu au reste que pour un petit nombre, ne restent point attachés à celui-ci. Il en résulte que le grain attaqué ne présente rien de remarquable à l'œil nu ; cependant, à la loupe et au microscope, on y remarque un petit point formé par une espèce de lame de soie. Dans l'intérieur le grain est divisé en deux chambres : dans l'une est la chenille, semblable à celle de la Fausse Teigne et enfermée dans une espèce de coque soyeuse ; dans l'autre partie, sont les excréments de cette chenille.

Les papillons de l'Alucite ne restent point dans les greniers comme ceux de la Fausse Teigne, à moins que la température de l'air ne soit très basse; ils sortent et se répandent dans la campagne.

Quand c'est à la fin du printemps qu'ils naissent, ils vont se répandre sur les champs de céréales, principalement sur ceux de froment, et, à la chute du jour, on les retrouve sur les épis, occupés à pondre.

A l'état de chrysalide et de papillon, l'Alucite et la Fausse Teigne ne mangent plus, ce qui les différencie des Charançons, qui mangent pendant les deux périodes de la vie et causent par cela même plus de dégâts.

MOYENS DE DESTRUCTION.

Les ravages de la Fausse Teigne sont assez faciles à arrêter ou au moins à diminuer par les manipulations qu'on donne au blé dans les magasins; en remuant le grain fortement, on détache l'un de l'autre ceux que la chenille a liés entre eux. Cette chenille se trouve à découvert, elle est froissée entre les grains remués et elle périt. C'est ce qui lui arrive encore, quand elle a creusé assez un des grains pour s'y loger entièrement; elle en sort pour subir la même destinée. Enfin, quand elle est à l'époque de se transformer en chrysalide, et quand elle abandonne les grains pour monter le long des murs et des planches du grenier, pour s'y changer en chrysalide, *quand le ver monte,* comme l'on dit, même quand il est changé en papillon, on peut en détruire beaucoup en les écrasant.

Un autre procédé consiste à renfermer dans les greniers quelques petits oiseaux du genre bergeronnette, en ayant soin de fermer les fenêtres avec un châssis en canevas. Ces oiseaux ont une adresse infinie pour saisir la Fausse Teigne dans les tas de grains, et en quelques jours ils peuvent en détruire des quantités

considérables. On conseille surtout, et c'est le plus
sûr, d'envoyer le grain au moulin dès qu'on s'aperçoit de la présence de la chenille, nettoyer scrupuleu-
sement le grenier et n'y pas laisser un seul grain ; si
cela est possible, balayer les murs et n'y pas emma-
gasiner de blé ou de seigle pendant au moins une
année.

TEIGNE DU COLZA

(*Ypsolophus xylostei*, Fabric).

La Teigne du colza a été décrite par M. Focillon ;
c'est une petite chenille longue de 9 millimètres à son
dernier âge, d'une couleur générale vert pâle, avec
une tête écailleuse noire ; le corps est hérissé de poils
également noirs, et présente, outre ses trois paires de
pattes écailleuses, quatre paires de fausses pattes ab-
dominales et une paire de fausses pattes postérieures,
toutes munies de crochets. Sa bouche est munie de
mâchoires assez développées, et de mandibules très
fortes, terminées par cinq dents crochues et acérées.
Ce sont là les instruments de ses dégâts. M. Focillon a
vu cette chenille à peu près à tous les âges de sa vie ; elle
a d'abord à peine 1 millimètre 5 de longueur ; sa tête
est grosse, son corps très velu et d'un vert très pâle
sous ses longs poils noirs ; ses caractères, d'ailleurs,
varient peu dans le cours de son développement.
C'est pendant cette période qu'elle ravage les graines
de colza. Elle s'introduit sans doute dans une silique
encore jeune par un de ces trous si fins, qu'il faut,
pour les constater, trouver l'animal occupé à les percer, et qui disparaissent souvent par le travail de la
végétation. Une fois parvenue dans l'intérieur du fruit,
elle attaque une graine et ronge la substance inté-

rieure dont les débris, encore adhérents à la coque
de la graine, s'offrent sous l'aspect d'une pulpe verdâtre très humide dans l'état frais. Quand son développement est achevé, la chenille fait un petit trou
rond qui ne correspond pas toujours exactement au
point où elle a vécu. Comme la chenille a les moyens
de se mouvoir, elle va souvent percer son orifice de
sortie à quelque distance des grains mangés, et quelquefois même en perforant la
cloison médiane qui sépare les
deux loges. Du reste, la chenille ne se nourrit pas de la substance de la silique, elle accu-
mule intérieurement autour du
trou les débris qu'elle fait en le
perçant. Enfin ce trou la conduit au dehors, elle se promène quelque temps sur les
siliques et sur les rameaux qui

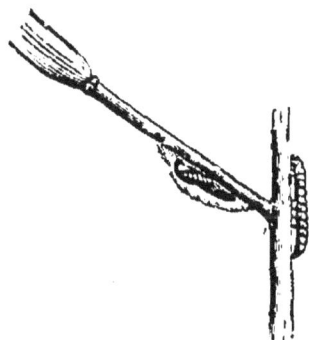

Chenille et chrysalide de
la Teigne du colza.

les portent pour choisir le lieu où elle subira ses
métamorphoses, et quand elle est décidée, elle file,
en le collant soit à une silique, soit à un rameau, un
cocon blanc à mailles lâches et qui semble une sorte
de tulle fin. Ce cocon est d'ailleurs ouvert aux deux
extrémités. A travers cette espèce de filet blanc, on
continue de voir tout ce qui arrive de la chenille ;
bientôt la partie antérieure brunit, enfin la mue a lieu
et l'on aperçoit la chrysalide. Tous ces changements
se font assez lentement, comme les dates suivantes en
feront juger : le 14 juillet, une de ces chenilles, sortie
d'une silique depuis la veille, commença à filer son
cocon ; le 16 au matin il était terminé, et on la voyait
immobile au milieu ; le 19, M. Focillon la trouva à l'état
de chrysalide. L'éclosion du papillon eut lieu le 28. La

chrysalide est longue de 7 millimètres, d'une couleur blonde, et sa dépouille, après la sortie de l'animal, est complètement transparente.

Le papillon qui en sort a un corps de 6 millimètres de longueur; mais, avec les ailes, il atteint de 8 à 8 millimètres 5. On le reconnaît immédiatement pour un de ces Lépidoptères de la famille des Teignes, dont l'histoire est encore si obscure. Il a la tête et le dessus du dos *café au lait*. Cette couleur est limitée sur chacune des ailes par une ligne blanche en zigzag, et le bord externe de chacune d'elles est d'un brun foncé, qui devient plus général sur l'extrémité des ailes. L'animal en ouvrant ces ailes laisse voir les postérieures qui sont entières, d'un gris ardoise à reflets métalliques, et régulièrement bordées de poils. L'abdomen est annelé de blanc et de brun ainsi que les pattes et les antennes. Dans l'état de repos, les ailes enveloppent le corps, et se relèvent légèrement en arrière, comme une queue de coq. Ces papillons éclosent en général vers le milieu ou à la fin de juin. En juillet, on ne trouve plus que les retardataires, et les chenilles, trop jeunes pour se métamorphoser dans ce mois, atteignant le moment où la silique est moissonnée, se dessèchent, et s'en échappent, quelle que soit leur taille, par un trou qui naturellement est proportionnel à leur diamètre. Ces chenilles, d'ailleurs peu nombreuses, errent quelque temps sur les siliques et ne tardent pas à périr. Vu le petit nombre d'individus que la saison trop avancée a permis de faire éclore, M. Focillon n'a pu réussir à les faire accoupler et pondre.

Les dégâts commis par la chenille de ce petit Lépidoptère sont très analogues à ceux que M. Focillon a décrits comme provenant de la larve d'un Coléoptère.

Cependant un certain nombre de caractères lui permettent de faire une distinction. D'abord, et c'est, autant qu'il a pu l'observer, dans les circonstances défavorables où il se trouvait, le caractère le plus tranché, la chenille ne produit pas cette coloration noire de l'intérieur de la silique qui lui a paru caractériser la présence de l'autre larve. De sorte qu'autour du trou

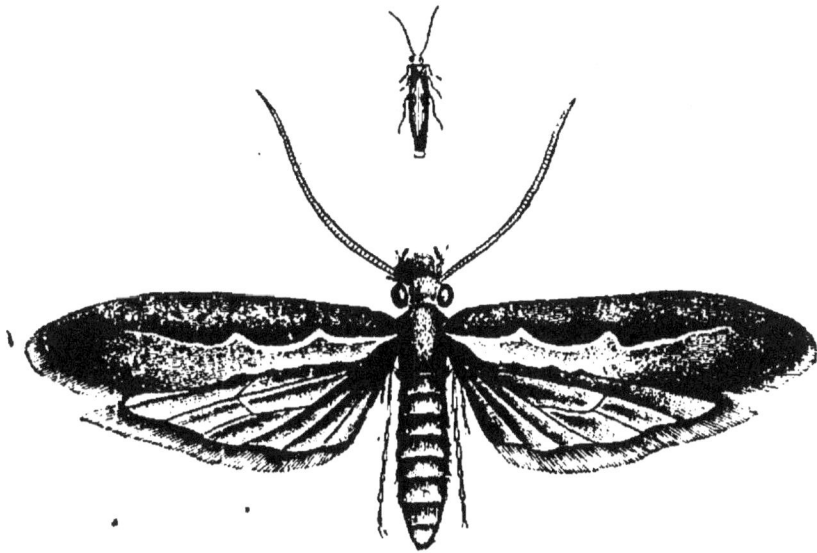

Teigne du colza, grossie et grandeur naturelle.

même par où elle s'échappe, et autour des graines dévorées, les parties intérieures du fruit conservent leur couleur blauchâtre. Puis la manière dont les grains sont mangés n'est pas exactement la même. La larve précédente laisse ordinairement des débris annulaires de la peau de la graine, la chenille au contraire ronge tout un côté, de façon à laisser un fragment ouvert de la périphérie du grain. La matière verte dont M. Focillon indique l'existence dans les débris laissés par la chenille est toujours plus éloignée du point où elle a vécu et a commis ses dégâts ; ce qui tient à ce que la chenille a des organes de mouvement très développés, tandis que l'autre larve en est complètement dépourvue.

De plus amples observations modifieront peut-être ces caractères ; mais, quant à présent, ils ont toute la précision que le savant naturaliste a pu leur donner. Ces dégâts ainsi caractérisés, et en raison même de leur grande analogie, doivent être appréciés comme ceux de la larve précédente; ils sont restreints comme les siens, mais comme eux ils peuvent se répéter sur la même silique. Ils ont d'ailleurs paru un peu moins fréquents.

PARASITES DES CHENILLES DU COLZA.

Chalcis. — On signale, comme ennemi des chenilles, un Ichneumon noir nommé *Campoplex paniscus.* M. Focillon ne l'a pas rencontré, mais il a trouvé un autre ennemi de la Teigne du colza. C'est un petit Ichneumonide appartenant au grand genre *Chalcis* de Fabricius, qui lui a paru très voisin du genre *Pteromalus* de Latreille, et dont il figure la larve, la chrysalide et l'insecte parfait. La larve, qui a environ 3 millimètres et demi de longueur, vit dans le corps de la chenille et finit par en remplir une grande partie. M. Focillon l'a trouvée contenue dans la peau de cette chenille qu'elle occupait entièrement et dont elle détermine la rupture par ses mouvements assez brusques. Après cette rupture, elle séjourne quelque temps dans les siliques où on la trouve assez souvent; elle finit par s'y transformer, pour s'échapper par le trou que la chenille qui lui a servi de berceau a percé avant de mourir. D'autres fois, sans doute, la chenille a le temps de se métamorphoser en chrysalide ; car on a vu sortir de chrysalides desséchées ce petit Chalcidite, d'un beau vert cuivré. M. Focillon n'insiste pas autrement sur cet ennemi de la Teigne du colza ; peut-être, s'il en connaissait l'utilité, l'étudierait-il plus soigneusement ; mais, il ne peut s'empêcher de l'avouer ici, il est bien loin d'attacher aux parasites des espèces nuisibles l'importance qu'on a cherché à leur donner. On s'est fait, il lui semble, bien des illusions sur les services qu'ils peuvent rendre.

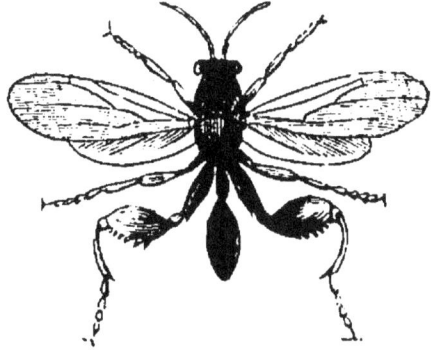
Chalcis.

Il est donc bon, suivant M. Focillon, de signaler les parasites aux agriculteurs pour qu'ils sachent ce que font ces animaux au milieu de leurs récoltes ; mais les espérances qu'ils peuvent fonder sur eux sont très illusoires.

VER BLANC DU COLZA

L'un des ennemis les plus redoutables du colza est un petit Ver blanc découvert par M. Focillon. En ouvrant des siliques, dit ce savant zoologiste, on voit une quantité de petites larves longues de 2 millimètres dans leur plus grande extension, blanches avant la maturité du colza, et qui à cette époque passent au jaune orangé clair. Leur corps est aplati, arrondi en arrière, terminé antérieurement par une tête pointue, très rétractile. Les anneaux sont nettement marqués par de profonds plis transversaux, chacun d'eux porte une rangée de poils au milieu ; une traînée verdâtre suivant la ligne médiane et la trace du canal digestif vu par transparence.

Si obscure que soit la nature de cette larve, les

dégâts qu'elle occasionne sont parfaitement connus.

Les siliques attaquées par cette petite larve, qu'il désigne sous le nom de *petit ver blanc*, présentent d'habitude d'autres lésions qui, par leur constance, semblent favoriser le développement de ce nouvel ennemi. La plus grande partie offre les traces de la chenille de la Teigne ou de la larve du Coléoptère. M. Focillon a trouvé une fois deux siliques remplies de petits Vers blancs et exemptes des traces dont il parle ; mais elles offraient des piqûres si nombreuses du Charançon qu'elles en étaient complètement rabougries. Il croit donc pouvoir établir que généralement les siliques où se développent les petits Vers blancs sont déjà malades dans quelqu'un de leurs points. Nous retrouverons ce fait plus tard dans l'histoire de cette larve. Quoi qu'il en soit, les siliques qu'elle dévaste se reconnaissent à l'extérieur, parce qu'elles sont souvent déformées et plus ou moins contournées et surtout parce qu'à l'époque de la maturité, au lieu d'offrir l'aspect jaunissant des siliques qui vont s'ouvrir, elles se dessèchent totalement ou par fraction, en affectant une teinte d'un gris sale qui va en noircissant de plus en plus ; les valves de la silique se contournent en se fendant irrégulièrement le long de leurs sutures ; enfin tous les signes de la moisissure apparaissent à la surface de la silique, dont la déhiscence ne s'effectue pas normalement et se borne à un bâillement irrégulier des bords des valves malades. Quelquefois la silique n'est attaquée que dans une de ses moitiés, mais l'autre semble toujours avoir souffert de ce voisinage. L'intérieur du fruit malade offre des traces bien plus évidentes : avant la maturité, en ouvrant une des siliques ainsi attaquées, on y aperçoit d'abord une vingtaine de ces petites larves ; les points où elles habitent offrent à toute la face interne du fruit une altération profonde. La membrane interne ou l'endocarpe a perdu l'aspect blanc argenté qui lui est naturel; elle offre une teinte roux verdâtre sale et suinte une liqueur sanieuse roussâtre. Les funicules des graines sont flétris et desséchés et les graines offrent le même aspect; elles perdent de leur volume, se ramassent en plissant leur surface et prennent, au lieu de la coloration brun violet des graines mûres, une teinte brun rouge clair. Quelques-unes semblent entièrement vidées et sont aplaties comme s'il ne leur restait que leur enveloppe extérieure. Plus tard, à mesure que les bords des valves s'entr'ouvrent, les larves s'échappent et abandonnent les graines malades ; parmi ces graines, les unes se détachent et tombent, les autres moisissent dans l'intérieur de la silique et s'y attachent plus ou moins complètement. Tels sont les dégâts qu'entraîne la présence de ces petites larves, dont on n'a pu parvenir à connaître l'insecte parfait.

Comment agissent-elles pour déterminer ces lésions? c'est là un point assez difficile à bien éclaircir.

M. Focillon croit inutile de former des conjectures sur ce qu'il peut être, et il attend l'observation directe dans des circonstances suffisamment favorables. Il a trouvé ces larves en juin et les a conservées vivantes jusqu'en octobre dans des siliques desséchées sur des pieds qu'il avait apportés au laboratoire de l'Institut agronomique ou dans des tubes et des bocaux où il a cherché à les élever.

NOCTUELLES

La tribu la plus nombreuse de tout l'ordre des Lépidoptères est, sans contredit, celle des Noctuéliens.

Les chenilles de ces papillons sont en général glabres ou peu velues, plus ou moins cylindriques et allongées, ordinairement munies de dix pattes membraneuses.

Elles vivent le plus ordinairement sur des plantes basses. Les unes, pour se transformer en chrysalides, se filent une coque soyeuse sur les tiges de la plante qui leur a servi de nourriture, ou dans quelque endroit voisin ; d'autres, et c'est le plus grand nombre, s'enfoncent en terre pour s'y métamorphoser. Ce sont celles-là qui dévorent les plantes et sont nuisibles à l'agriculture ; elles se cachent pendant le jour, d'où leur nom de Noctuelles.

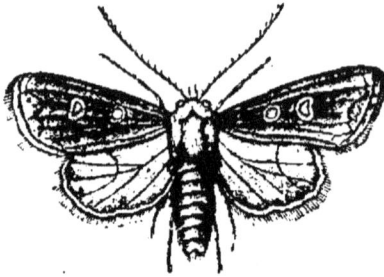

Noctuelle.

Les papillons de ces chenilles sont en général de taille médiocre, de couleur sombre, volant peu ou rarement pendant le jour.

Le groupe des Noctuites se distingue par des antennes sétacées ; les palpes peu redressés ; le thorax plan, les ailes antérieures étroites.

NOCTUELLE DES MOISSONS

(Noctua segetum).

La Noctuelle des moissons, *Noctua segetum*, attaque de préférence les betteraves. Néanmoins, comme elle n'épargne pas non plus le blé, nous en parlerons d'abord comme insecte nuisible aux céréales. « Aux approches de la moisson, dit Herpin, j'ai trouvé une assez grande quantité de tiges de froment qui

renfermaient auprès de l'épi, entre les feuilles, une
grosse chenille de 2 centimètres environ de longueur,
d'un jaune grisâtre, rayée sur le dos et qui a paru à
ce savant observateur être la larve d'une Noctuelle.
Cette chenille, ajoute-t-il, qu'on retrouve encore dans
les granges plusieurs mois après la récolte, ronge et
dévore l'intérieur des grains de blé encore adhérents
à l'épi, et laisse entre les feuilles de gros excréments
de couleur blanchâtre. » Herpin déclare n'avoir pu
élever cette chenille qui se cache probablement en
terre pour se métamorphoser. Goureau a constaté
que c'était à l'époque de la floraison des blés, c'est-à-
dire vers le commencement de juillet, que la Noctuelle
attaque le blé ; elle continue à le ronger jusqu'à
l'époque de la moisson. Elle entame le grain dans le
sillon et y perce un trou pour atteindre la substance
intérieure dont elle fait sa nourriture. Cette substance
ayant la consistance du lait, puis ensuite celle de la
bouillie, lui convient dans son premier âge ; plus tard,
à l'approche de la moisson, elle ronge la farine dans
la graine devenue dure. Les graines attaquées ne
conservent quelquefois que la peau ; d'autres fois il y
reste de la farine mêlée à des excréments. Cette
chenille ne se contente pas d'un seul grain, qui serait
insuffisant pour sa nourriture, elle en entame plusieurs, soit du même épillet, soit des épillets voisins.

Dans le Nord de la France, où la culture de la
betterave a acquis une prodigieuse importance, cette
culture se trouve depuis plusieurs années exposée
aux ravages du Ver gris. En 1865 la chenille dévasta-
trice s'est montrée en si prodigieuse quantité, que ses
dégâts ont été exercés dans des proportions effrayantes.
L'agriculture du Nord a été gravement atteinte, l'in-
dustrie qui amène une partie de la richesse du pays

s'est vue menacée. Des personnes éclairées de l'arrondissement de Valenciennes, agriculteurs et industriels,
ont compris qu'il y avait une' question à étudier.
C'est alors que le ministre de l'agriculture a chargé
un membre de l'Institut, M. Émile Blanchard, d'aller
faire les recherches nécessaires pour empêcher le
retour d'un pareil fléau. Il a remarqué qu'au collet
de chaque betterave, sans aucune exception, on était
assuré de trouver une quantité considérable de
chenilles : en grattant un peu la terre entre les lignes
de betteraves, on en mettait à découvert sur tous les
points. En certains endroits, il a été possible d'en
recueillir plus d'une centaine dans l'espace d'un
centimètre carré, et c'est dans une semblable proportion que ces chenilles se trouvaient répandues sur la
superficie entière du plus grand nombre des champs.

Mais dans les environs de Denain, le désastre était
poussé à la dernière limite possible. Là, un des grands
propriétaires de la localité, M. Crépin-Deslinsel, fit
parcourir à M. Blanchard des étendues considérables
de terrain, où absolument toutes les betteraves
avaient été détruites. Il était nécessaire d'observer
avec attention pour reconnaître à la présence de
quelques détritus que la plantation des betteraves
avait été effectuée partout de la manière la plus régulière et la plus complète.

C'était un spectacle affligeant que celui de ces
champs dévastés.

Sur le territoire de Blanc-Misseron, où l'on cultive
principalement la chicorée, M. Blanchard a vu plusieurs
pièces de terre en grande partie dépouillées de leur
végétation. Les chicorées avaient été ravagées au collet
exactement comme l'étaient ailleurs les betteraves.

La Noctuelle des moissons est un papillon d'un brun

rougeâtre, dont les ailes présentent une envergure d'environ 4 centimètres. Les ailes supérieures, dont la teinte générale brune ou fauve est un peu variable suivant les individus, ont à leur base une double ligne ondulée, suivie d'une tache brune; au centre, deux autres taches, l'une ronde bordée de noir, l'autre réniforme au-dessous des lignes ondulées, et enfin, au bord, une série de taches noires en forme de lunules. Les ailes postérieures sont d'un blanc opalin.

Cette espèce paraît à l'état de Chenille dans la première quinzaine du mois de juin, mais il faut toujours remarquer que cette apparition, qui s'effectue pendant la durée de deux ou trois semaines, doit être un peu avancée ou un peu retardée suivant que la température printanière a été plus ou moins élevée.

Cette Chenille, connue dans beaucoup de localités sous le nom de *Ver gris*, acquiert toute sa croissance dans l'espace de cinq à six semaines. Parvenue à sa plus grande dimension, elle a alors environ 4 à 4 centimètres et demi de longueur. Tout son corps lisse, luisant, et d'un gris verdâtre assez sombre, porte sur chaque anneau deux rangées transversales de points verruqueux d'un noir brillant, surmontés d'un poil; sa tête est noire, avec quelques impressions sur le sommet, et les parties de la bouche d'une teinte brunâtre.

Les chenilles de la Noctuelle des moissons demeurent presque constamment cachées en terre, autour du collet de la racine qu'elles rongent; elles voyagent même beaucoup, pour se porter d'une plante à une autre sans se montrer à la surface, surtout pendant le jour; en général, c'est après le coucher du soleil seulement que ces Chenilles sortent de leur retraite et grimpent sur les feuilles, auxquelles elles ne font pas d'ordinaire de graves atteintes. Ces habitudes expliquent comment plusieurs agriculteurs avaient pu demeurer dans la confiance que leurs champs de betteraves étaient dans d'excellentes conditions, lorsqu'ils étaient au contraire dans une situation extrêmement fâcheuse. Si les betteraves étaient déjà volumineuses, malgré l'altération profonde des racines, le feuillage restait néanmoins d'une fort belle apparence. Des betteraves dont la partie supérieure était fort endommagée avaient poussé une multitude de radicelles, une sorte de chevelu, qui permettait à la plante de puiser les sucs destinés à la nourrir.

Dans le courant du mois de juillet les chenilles de la Noctuelle des moissons, arrivées au terme de leur accroissement, s'enfoncent dans la terre à une profondeur de quelques centimètres, se creusent une loge de forme ovalaire dont elles enduisent les parois avec une sécrétion analogue à la matière soyeuse et propre à retenir les particules terreuses. Elles ne tardent pas à se transformer en chrysalides. Dans le mois d'août on a vu éclore des Papillons en assez grand nombre. Mais l'éclosion n'a certainement pas été générale, ainsi que j'ai pu m'en convaincre. Il est très probable que, dans les étés dont la température n'est pas très chaude, on ne voit paraître aucun Papillon pendant le mois d'août; ce qui explique comment des entomologistes citent la *Noctua segetum* comme n'ayant qu'une génération par an, et comment d'autres affirment qu'elle en a deux.

M. Mariage, maire de Thiant, qui s'est occupé avec un grand zèle et une grande intelligence de la question relative à l'insecte destructeur des betteraves, a fait une observation intéressante au moment des éclosions du mois d'août. Parmi les chrysalides dont il a vu sortir un insecte adulte, il a compté qu'un cinquième

d'entre elles lui avaient donné un Ichneumon, l'Ichneumon de Panzer (*Ichneumon Panzeri*, sous-genre
Amblyteles de Gravenhorst), dont tout le corps est
noir, avec les deux premiers anneaux à la suite du
pédicule de l'abdomen d'un rouge ferrugineux. Ainsi,
dans le cas où la proportion serait à peu près la même
pour toutes les chrysalides, les quatre cinquièmes
encore donneraient des papillons dont la fécondité
est connue ; c'est-à-dire, qu'en l'absence d'efforts com-
binés, on devait encore voir, malgré l'Ichneumon,
la dévastation se renouveler l'année suivante sur une
très grande échelle.

La *Noctua segetum* vit à l'état de chenille sur des
plantes fort diverses ; le fait est depuis longtemps
bien connu des entomologistes ; c'est un motif pour
ne pas attendre ici l'heureux résultat que l'on obtient
pour d'autres espèces nuisibles de l'alternance des
cultures. Cependant si la *Noctua segetum* est préjudiciable à plusieurs sortes de cultures, elle ne les attaque
pas toutes indifféremment.

M. Blanchard a dû ainsi s'assurer avec le plus grand
soin de la présence ou de l'absence de l'insecte qui a
été si funeste aux betteraves et aux chicorées, dans
presque tout le nord de la France.

Aux environs de Valenciennes, à Urtebize, Denain,
Artres, les mêmes observations ont fourni les mêmes
résultats. Partout la betterave était attaquée ; les
céréales, au contraire, n'avaient pas eu à souffrir. Des
champs de betteraves étaient ravagés dans toute leur
étendue ; dans des pièces de terre qui y confinaient plantées en trèfle et en sainfoin dans une excellente condition, il fut impossible d'y découvrir une seule Chenille.

Dès le moment où les agriculteurs avaient reconnu
leur ennemi, plusieurs d'entre eux avaient songé à le

détruire. Il était d'un grand intérêt pour la suite des
études de M. Blanchard, d'apprendre ce qu'ils avaient
déjà essayé, et quels résultats ils avaient obtenus.

MOYENS DE DESTRUCTION.

Différentes substances furent répandues sur les
terres : plâtre imprégné d'acide chlorhydrique, suie,
vinasse de distillerie, purin, chaux, cendres pyriteuses,
décoction d'aloès et feuilles de noyer, monticule de
terre à chaque pied de betteraves. Tous ces moyens ne
donnaient aucun résultat. Il fallait s'y attendre, comme
l'explique avec raison M. Blanchard, la Chenille dévas-
tatrice s'enfonce plus ou moins en terre, se loge facilement dans la racine et échappe ainsi au contact de ces
substances, qui de plus, n'étant pas nuisibles à la
végétation, doivent en général demeurer inoffensives
pour une Chenille.

Les papillons éclosent vers la fin de mai, ou dans
les premiers jours de juin, un peu plus tôt ou un peu
plus tard, suivant la température. Les œufs sont
pondus bientôt après la naissance des Papillons, et les
jeunes Chenilles paraissent ensuite au bout de huit
ou neuf jours. Les betteraves plantées tard sont
eucore très petites lorsque les Chenilles commencent
à les attaquer, elles se trouvent détruites dans un
très court espace de temps; les betteraves plantées au
commencement d'avril étant déjà grosses dans le
mois de juin, les Chenilles qui les rongent les altèrent
plus ou moins, mais ne les détruisent pas.

Ce sera donc toujours une bonne mesure à prendre
que de semer les betteraves aussitôt que le permet-
tront les exigences des exploitations agricoles.

Il est un autre palliatif, déjà mis en pratique sur

quelques points par des agronomes de l'arrondissement de Valenciennes, dont il importe de tenir
compte. Les Chenilles de la *Noctua segetum* se déplacent beaucoup, surtout lorsque la nourriture vient à
leur faire défaut. On les voit alors se porter à de
grandes distances. Abandonnant des terres où elles
ont à peu près détruit toute la végétation, elles
émigrent pour atteindre des champs moins dévastés.
A Denain, M. Crépin-Deslinsel avait fait pratiquer des
rigoles larges d'environ 30 centimètres, profondes
d'environ 1 mètre, à parois bien perpendiculaires;
dans ces rigoles, des millions de Chenilles étaient
venues tomber et s'entasser les unes sur les autres.
Incapables de remonter le long des parois des rigoles,
elles s'entre-dévoraient, s'écrasaient par leur propre
poids, et périssaient, comme le témoignaient les
exhalaisons répandues par leurs corps en putréfaction.

MM. Hamette frères, à Monchoux, ayant établi un
ruisseau pour empêcher les Chenilles de passer d'un
champ dans un autre, ils en avaient récolté de 30 à
50 litres par jour.

L'idée de faire recueillir les Chenilles ne pouvait
manquer de se produire. A Denain, M. Gouvion-Deroy
et MM. Baillet frères ont entrepris de faire ramasser
les Chenilles à deux ou trois reprises différentes. Le
moyen de destruction est infaillible pour les individus
que l'on parvient à saisir. Mais il y aurait déjà à
examiner si beaucoup de cultivateurs seraient disposés
à supporter les frais d'un *échenillage* à la main, qui
doit être assez dispendieux, même dans le cas où un
champ pourrait être entièrement débarrassé de ces
hôtes malfaisants. Or, la connaissance des habitudes
de l'insecte doit éloigner toute pensée de recommander l'échenillage. Les larves de la Noctuelle se

tenant presque constamment en terre et parfois à une distance assez grande de la plante, il était évident que le plus grand nombre des Chenilles devait échapper à une recherche, même minutieuse. En effet, à Denain, MM. Stiévenart, Mariage, Crépin-Deslinsel, Baillet et quelques autres personnes, ont constaté que les champs les mieux *échenillés*, pour être un peu moins malades que les autres, restaient encore infestés sur tous les points par une foule de Chenilles; puis la chasse à la main fatigue trop les hommes et coûte trop cher.

Il est à peine besoin de rappeler les tentatives faites avec les *poulaillers ambulants*. Le remède est pire que le mal : en effet, les volailles dévorent les feuilles de betteraves en même temps que les Chenilles. Celles qui ont mangé de trop grandes quantités de Chenilles sont rendues malades et souvent ne tardent pas à périr.

En présence de difficultés probablement insurmontables pour opérer la destruction des Chenilles, plusieurs personnes ont été d'avis qu'il fallait songer à détruire l'espèce lorsqu'elle est à l'état de Papillon, en allumant dans les champs, et d'une manière générale, des feux. On sait en effet que la lumière attire la plupart des insectes nocturnes. M. Stiévenart a rappelé la recommandation faite par Roberjot, d'allumer de grands feux clairs et élevés pour détruire la Pyrale de la vigne (1). On a essayé en effet de l'emploi des feux pour la destruction de la Pyrale. En 1837, par exemple, les vignobles du Mâconnais étaient ravagés dans des proportions formidables; on se souvint de la recommandation de Roberjot, et aussitôt se manifesta l'espérance qu'en généralisant

(1) Roberjot (l'abbé), *Sur un moyen propre à détruire les chenilles qui ravagent la vigne.* — Mémoires de la Société royale d'agriculture de Paris ; année 1787.

l'emploi des feux on arriverait à une prompte destruction de la Pyrale. Feux de bois, feux de paille
furent allumés le soir; on ne tarda pas à reconnaître
qu'avec de larges lampions, les Papillons se noyant
dans l'huile ou la graisse fondue, étaient détruits
en plus grand nombre. Mais bientôt la dépense parut
considérable, et le travail nécessaire parut immense
pour disposer, allumer, entretenir les feux. La durée
de l'éclosion des insectes sous leur forme dernière
étant d'environ trois semaines, la nécessité d'allumer
une grande quantité de lumières sur d'immenses
étendues, les plus décidés parmi les propriétaires de
vignobles sentirent faiblir leur résolution de tout
exterminer à l'aide d'un semblable moyen. Victor
Audouin, chargé par le ministre de l'agriculture d'é-
tudier la Pyrale de la vigne, avait suivi les expériences
avec le plus grand soin; il en arriva promptement à
conclure que l'emploi des feux offrait une foule de
difficultés et la probabilité d'un succès fort incom-
plet. En effet, s'il est vrai que beaucoup de Papillons
nocturnes viennent se brûler aux lumières, il est
incontestable que *tous* n'y sont pas pris. Parmi les
Papillons détruits par ce moyen, on oublie ensuite
que la plus grande part est détruite sans profit pour
la culture. Les femelles, particulièrement, lorsqu'elles
naissent étant alourdies par leurs œufs, volent peu;
on prend donc surtout, à l'aide des feux, des insectes
qui ont déposé leur ponte, des individus, en un mot,
dont l'existence près de son terme est désormais
indifférente.

Si des observations suivies sur la Pyrale de la vigne
ont conduit à considérer l'emploi des feux comme un
moyen presque impraticable sur une grande échelle et
dans tous les cas d'une efficacité assez faible, que

doit-on penser de ce moyen pour la destruction de la
Noctuelle préjudiciable aux betteraves? Les lumières
attirent beaucoup plus les Pyrales et les Phalènes
que les Noctuelles. Celles-ci ayant des ailes moins
amples que les premières, relativement au volume de
leur corps, leur vol est moins fréquent, moins rapide,
ce qui nous prouve d'avance que les Noctuelles
attirées par les feux seront en quantité assez médiocre, comparativement au nombre des individus
répandus dans les champs.

Après avoir examiné ces différents moyens de destruction, M. Blanchard s'est demandé s'il est possible
de parvenir au but par des moyens vraiment prati-
ques? Cela est possible, mais il importe de bien connaître les moindres détails de la vie de l'animal sous
toutes ses formes. Déjà sous ce rapport nous sommes
très avancés, mais il reste néanmoins quelques faits à
observer, peut-être quelques expériences à poursuivre
et avec les connaissances actuellement acquises, il
sera facile de compléter les observations, et d'expé-
rimenter avec de grandes chances d'obtenir d'heureux
résultats. Ainsi nous savons que les jeunes Chenilles
se montrent dans les premiers jours de juin, qu'elles
arrivent au terme de leur croissance vers le milieu de
juillet, qu'elles se transforment alors en chrysalides
et, que des Papillons paraissent dans le mois d'août;
mais suivant toute apparence la plupart des Papillons ne doivent éclore que l'année suivante dans le
courant du mois de mai, un peu plus tôt ou un peu
plus tard, suivant le degré de la température du
printemps.

Les Papillons éclos au mois d'août donnent néces-
sairement lieu à une seconde génération de Chenilles
destinées à se transformer en chrysalides vers la fin

de septembre. Seulement ces Chenilles, à cause de leur nombre moindre qu'au printemps, doivent, surtout en l'état des cultures, être moins dangereuses que celles de la première génération.

La destruction directe des Chenilles nous semble hors de toute possibilité; la destruction à l'état de Papillons paraît tout à fait impraticable.

En présence de cette situation, M. Blanchard dit qu'il faut songer à la chrysalide, à l'éclosion des Papillons et aux œufs.

Lorsqu'au mois d'octobre commencent les labourages, il deviendra sans doute assez facile de mettre à découvert les chrysalides et de les faire enlever par des enfants. Ce serait dans tous les cas une opération à tenter beaucoup plus efficace que celle de l'enlèvement des chenilles. On sait que les chrysalides de la *Noctua segetum* sont enfoncées dans la terre à une profondeur de quelques centimètres seulement. Pour que les papillons à peine éclos puissent traverser la couche de terre qui les sépare de la surface, il faut que cette terre soit très meuble. Or, si un tassement superficiel de la terre peut être opéré sans de grands embarras pour la culture, les papillons, incapables de percer un sol résistant, devront périr sans avoir réussi à se montrer au dehors. Dans le raffermissement de la couche superficielle du sol on trouverait encore un autre avantage que celui d'empêcher la sortie des papillons. Lorsqu'il y aurait des chenilles, ces chenilles, qui ne peuvent vivre à découvert pendant la chaleur du jour, parviendraient difficilement à s'abriter et à circuler dans un sol trop ferme et de la sorte beaucoup d'entre elles viendraient à périr.

Si tous les moyens ayant pour but de détruire les chrysalides et d'empêcher la sortie des papillons ne réussissaient que d'une manière imparfaite, il resterait encore un moyen absolument sûr pour se débarrasser de l'insecte nuisible, ce serait de recueillir les pontes au printemps avant l'éclosion des chenilles. Quelques observations préalables seront seules nécessaires. Il suffira de bien reconnaître l'endroit où les pontes sont déposées. Les enlever restera une opération fort simple comparativement à l'échenillage, et d'une efficacité absolue.

. Les papillons déposent leurs œufs en paquets sur les plantes, c'est seulement dans des circonstances tout à fait accidentelles qu'ils les laissent tomber au hasard. A la fin de mai, et dans les premiers jours de juin, comme les feuilles de betteraves ne sont pas encore très developpées, on est assuré de pouvoir faire aisément les observations préliminaires et entreprendre aussitôt le travail capable de mettre les champs de betteraves à l'abri du fléau dont ils ont tant souffert.

OCHSENHEIMÉRIE

(Ochsenheimeria taurella).

Un insecte, qui a une certaine analogie avec la Noctuelle des blés, a été décrit sous la dénomination d'*Ochsenheimeria taurella*, nom d'un célèbre entomologiste, lequel a observé le premier les dégâts causés par cet insecte aux environs de Vienne.

Dès le mois de mai vous voyez parfois dans les champs de blé et de seigle, au milieu des innombrables épis bien verts se balançant au gré du vent, des épis qui ont subitement blanchi. Vous interrogez les gens du pays sur la cause de la présence de ces

épis blancs et vides. Ils vous répondent: Nous n'en
savons rien! Ou bien : C'est l'hiver qui a fait cela.

L'homme instruit, l'observateur, l'agronome, ne se
contentent pas de ces réponses. Ils examinent et ils
trouvent que ces épis blancs se retirent très facilement de leur gaine. Ils considèrent le point où la rupture s'est faite, et ils voient que la tige a été entièrement, ou en partie, coupée à peu de distance au-dessus
du nœud supérieur. On devine que c'est un insecte
perfide qui a fait ces dégâts. Mais où s'est-il caché?
On trouve bien parfois, au fond de la gaine, ses excréments desséchés ... Mais l'auteur de tout cela a disparu. Après avoir attentivement examiné vingt à
trente de ces épis blancs, ou plutôt l'intérieur de leur
tige jusqu'au point où elle a été coupée, on finit
par découvrir un petit ver mort, long de 6 à 8 millimètres.

D'autres fois on est plus heureux et on trouve l'ennemi vivant occupé à ronger la tige. Ce petit ver, ou
plutôt cette chenille, car elle a seize pattes et donne
naissance à un papillon, porte le nom que nous venons
d'indiquer. Cette chenille avait échappé jusqu'à présent
aux recherches des naturalistes. Elle n'est pas née dans
ce point de la tige de la céréale. C'est un hôte qui arrive
du dehors pour faire ses repas dévastateurs. Elle est
jaune paille, garnie de petits poils fins. Sa tête est petite, noirâtre. Une petite tache grise et luisante se voit
sur son onzième anneau, et deux lignes noires règnent
sur ses flancs.

Ce petit être arrive du sol ; il monte le long de la
tige. L'épi atteint, il se glisse entre la tige et sa gaine
et descend jusqu'au nœud supérieur. Là il trouve la
tige très tendre, et tout à fait de son goût. Il la ronge,
passe quelque temps en abondants festins. Puis, lors-

qu'il n'y a plus rien qui lui convienne, il quitte la tige
par le même chemin qui l'a amené, et il va visiter une
autre tige.

Cependant tout n'est pas bonheur dans son existence. Pendant ses fréquents voyages, la petite chenille est fréquemment surprise par les *Ichneumons*,
qui lui percent le ventre pour déposer leurs œufs, d'où
sortent de petits êtres qui se nourrissent de sa substance, après l'avoir fait périr. Voilà pourquoi on
trouve parfois ces chenilles mortes au milieu de leurs
festins.

C'est grâce à ces mêmes intrépides Ichneumons que
nos champs de choux sont débarrassés des 19/20 des
chenilles qui, sans ces vigilants bienfaiteurs de nos
cultures, les dévoreraient tous les ans par légions innombrables. Si notre petite chenille échappe heureusement à son ennemie, elle se réfugie, au commencement de juin, dans la gaine supérieure près de l'épi.
Là, elle s'entoure d'un tissu solide et soyeux, pour se
transformer en peu de jours en chrysalide de 6 à 8 millimètres de longueur, de couleur jaune paille, avec
la tête brunâtre. De cette chrysalide sort un petit papillon au bout de quatre semaines. Celui-ci a 5 millimètres de longueur, les ailes étant déployées. Sa tête
est couverte de longs poils jaunâtres à pointes noires.
Ses ailes antérieures sont grises, les postérieures blanches, bordées de noir. Ailes et dos sont couverts d'é-
cailles, l'abdomen est gris noirâtre.

Ce papillon voltige pendant plusieurs mois dans les
champs ; il attend les semailles d'automne et la levée
des premières céréales. Alors la femelle dépose un œuf
dans chaque jeune tige de blé, de seigle et probablement d'autres graminées qu'elle visite. Il sort de cet œuf
une petite chenille verte comme la jeune plante qu'elle

habite et dont elle ronge le cœur, c'est-à-dire la partie
la plus tendre. Cela étant fait, elle descend à terre, va
chercher une autre plante et lui en fait autant. Elle
continue ainsi ses voyages et fait périr toutes les
plantes qu'elle visite. Enfin l'hiver arrive ; la neige,
les gelées s'opposent à ses voyages et à ses dégâts.
Alors elle va se cacher au fond de la tige, tout près du
collet de la plante, et passe la froide saison tranquil-
lement blottie dans cette retraite.

Dès qu'arrive le printemps et que les tiges commencent à s'allonger, le petit prisonnier quitte sa demeure,
grimpe au haut de la tige et va ronger la partie tendre
de la tige qui se trouve au-dessus du nœud supérieur.
Lorsqu'il n'y a plus rien de son goût à manger, il quitte
la tige et va en trouver une autre. Ses dégâts se répar-
tissent donc sur deux saisons : pendant l'automne l'Och-
senheimérie attaque et fait périr un grand nombre
de jeunes plants de céréales ; au printemps et pendant une partie de l'été, elle coupe en deux un grand
nombre de tiges qui dès lors sont perdues pour le
cultivateur. Enfin, au mois de juin, elle se transforme
en chrysalide d'où sort un papillon au mois de juillet,
ainsi que nous l'avons déjà dit. Telle est la vie de ce
petit ennemi de nos céréales. Comment l'empêcher de
faire ses dégâts ?... Ici commence l'embarras, et nous
sentons toute l'impuissance de nos moyens de dé-
fense. Pendant l'automne, il voyage de jeune plante
en jeune plante. Pouvons-nous le saisir dans ses
excursions ? Non, nous ne le pouvons pas. Ses ennemis naturels, les petits oiseaux, l'alouette en particulier, se chargent d'en détruire beaucoup. Tout
l'hiver il est caché dans le cœur de la plante ; impossible encore de l'atteindre. Le printemps et l'été il
recommence ses voyages de tige à tige.

Le mieux serait, il nous semble, de rouler énergiquement les jeunes céréales au printemps, lorsqu'elles commencent à s'élever. On raffermirait en même temps le sol déchaussé par les gelées de l'hiver ; on plomberait la terre, ce qui est reconnu comme une excellente pratique, et l'on aurait la chance d'écraser par le rouleau un certain nombre de ces insectes.

NOCTUELLE GLYPHIQUE

Joigneaux a décrit cette Noctuelle qui, appartenant à la division des nocturnes, vole en abondance pendant le jour sur les champs de trèfle ou de luzerne où a vécu sa chenille. La Noctuelle glyphique a 3 centimètres d'envergure ; le fond de ses ailes est d'un gris brun, avec deux taches irrégulières cerclées d'un cordon gris clair sur les ailes supérieures et de taches d'un jaune très pâle sur les inférieures.

La chenille est jaune, avec des lignes longitudinales obscures. Elle apparaît deux fois dans l'année, d'abord dans le courant de juillet, puis en septembre. Les chenilles de la seconde génération passent l'hiver à l'état de chrysalides pour se transformer en papillons au mois de mai de l'année suivante.

COCHYLIS DE LA GRAPPE

Le genre Cochylis appartient, comme la Pyrale de la vigne, à la famille des Noctuelles et à la tribu des Tordeuses. Les insectes dont il se compose ont un corps très mince, proportionnellement plus grêle que celui de la Pyrale ; ils sont hérissés de poils touffus

qui ne permettent pas d'en distinguer les articles ;
leurs palpes dépassent très peu le bord antérieur de
la tête. Les antennes sont testacées comme celles de
la Pyrale ; mais les ailes donnent à ces Papillons un
aspect particulier : elles ne sont pas en toit aplati
comme dans les Pyrales, comme dans les Tortrix et
comme dans plusieurs autres genres de la tribu des
Tordeuses ; pendant le repos elles sont rabattues sur
les parties latérales du corps, en sorte que le Papillon
paraît serré dans ses ailes comme dans un fourreau.

Cochylis de la grappe.

Les ailes antérieures sont longues, étroites et terminées obliquement avec leur bord supérieur presque
droit.

Le Cochylis de la grappe a été décrit sous le nom
de Teigne de la grappe, Teigne de la vigne, Pyrale
ambiguë. La Chenille est appelée Ver rouge, Ver co-
quin, Ver de la vendange, Teigne des grains.

Le corps est d'un jaune pâle avec quelques reflets
argentins sur la tête et le thorax. Les antennes sont
d'un gris clair.

La couleur des ailes antérieures est presque la même
que celle du corps ; elles présentent vers leur milieu
une bande transversale brune qui se rétrécit notablement du bord extérieur au bord intérieur, et sur laquelle on distingue quelques marbrures plus pâles ou
des espaces ferrugineux.

Les œufs déposés tantôt sur les bourgeons nais-
sants de la vigne, tantôt sur les nouvelles grappes,
tantôt sur la peau même du grain de raisin, sont
d'une petitesse extrême et disposés en petites plaques
analogues quant à la forme aux pontes de la Pyrale ;
la forme de ces œufs est ovalaire et leur couleur est
d'un gris terne très pâle.

Chenille. — La Chenille de la Cochylis, longue d'environ 8 millimètres, ressemble un peu par sa forme
à celle de la Pyrale, mais elle est plus épaisse et
plus grosse proportionnellement à sa longueur. La
tête, ainsi que toutes les parties de la bouche, est
d'un brun rougeâtre foncé. Le premier anneau du
corps est de la même couleur, mais un peu plus intense, et on remarque au milieu une petite ligne très
étroite, d'un jaune pâle, il est lisse et brillant comme
la tête et d'apparence cornée.

Tout le reste du corps est grisâtre lorsque la Chenille est jeune ; mais lorsqu'elle a acquis son développement complet, il devient d'un rose violacé, tendre,
mais bien distinct. On a remarqué que cette teinte
était surtout marquée dans les Chenilles de la deuxième
génération.

La *Chrysalide*, longue de 6 millimètres, est d'un
brun uniforme, d'une nuance plus claire que celle
de la Pyrale ; elle est aussi proportionnellement plus
courte et surtout plus obtuse vers son extrémité. Les
anneaux thoraciques sont lisses ; on y remarque seulement quelques petites plissures transversales et de
petites épines triangulaires très rapprochées les unes
des autres.

Elle diffère de la Chenille de la Pyrale par sa
forme générale, par l'absence de poils sur l'abdomen
entre les épines et surtout par la forme du dernier

anneau qui dans la Cochylis est large et fort court et présente une petite pointe de chaque côté et une douzaine de poils raides, crochus et fort durs.

Mœurs. — La Cochylis de la grappe produit deux générations par an et passe l'hiver à l'état de chrysalide.

Dès le mois d'avril, on peut apercevoir dans les vignes les petits papillons de Cochylis. Ils ont à peine la grosseur d'une mouche d'appartement. On en voit quelquefois voltiger isolément pendant le jour; mais habituellement durant l'ardeur du soleil ils restent immobiles et cachés sous les feuilles de vigne, et on ne les aperçoit en grand nombre qu'au crépuscule du matin et du soir.

Ces papillons s'accouplent peu de jours après être sortis de la chrysalide et vont ensuite déposer leurs œufs sur les bourgeons ou sur les jeunes grappes. C'est dans le courant du mois de mai et généralement au moment de la floraison de la vigne que les petites larves sortant des œufs commencent à attaquer les grappes naissantes.

La Chenille de la Cochylis n'attaque jamais les feuilles de vigne, elle tend des fils et s'en sert pour réunir entre elles les fleurs de raisin ou les petits grains. Une fois cachée sous cet abri, elle attaque les fleurs par le calice et en détruit bientôt complètement un grand nombre.

Les chenilles de cette première génération font par conséquent un tort immense aux vignes, car les fleurs ou les petits grains ne leur offrant qu'une nourriture peu abondante, elles détruisent un grand nombre de grappes. Trois chenilles suffisent pour dévorer une grappe de grosseur ordinaire.

A la fin de juin ou au commencement de juillet, la

chenille de la Cochylis, après s'être réfugiée entre les petits grains flétris ou desséchés qu'elle a réunis par des fils, se construit une coque soyeuse dans laquelle elle se transforme en chrysalide, elle passe douze à quinze jours sous cette forme, et dans la deuxième quinzaine de juillet on retrouve de nouveau sur la vigne de petits papillons semblables à ceux qu'on y avait observés au commencement de mai. Ceux-ci déposent presque aussitôt leurs œufs, et de ces œufs placés ordinairement sur les grains mêmes du raisin sort, peu de jours après, une nouvelle génération de chenilles non moins voraces que celles qui les avaient précédées et dont les dégâts deviennent d'autant plus pénibles pour le cultivateur que durant un mois entier il a pu se croire délivré de ses ennemis.

Au mois d'août, les grains de raisin ayant déjà acquis une certaine grosseur, les jeunes chenilles les préfèrent, passent leurs têtes et quelquefois même une grande partie de leur corps dans l'ouverture qu'elles ont pratiquée, dévorent toute la substance charnue qui se trouve contenue dans le grain et même jusqu'aux pépins. Souvent elles entament plusieurs raisins qu'elles laissent à moitié mangés et qui se moisissant promptement, surtout si la saison est pluvieuse, amènent bientôt de proche en proche la destruction complète de la grappe et la maladie nommée *pourriture* par les vignerons.

Les chenilles de Cochylis atteignent ordinairement leur développement complet vers la fin de septembre ou vers le commencement d'octobre, elles abandonnent alors les grappes qui leur avaient servi de nourriture, et cherchent un refuge dans les fissures des ceps de vigne ou sous les esquilles des échalas ; quelquefois même, restant à la surface de ceux-ci, elles se filent un petit cocon de soie fine, d'un gris blanchâtre et d'une forme ovalaire, et qui souvent est enveloppé lui-même de fragments de bois ou d'autres corps étrangers. C'est dans l'intérieur de ce cocon qu'elles se métamorphosent en chrysalides pour rester dans cet état jusqu'au mois d'août de l'année suivante, époque à laquelle les petits papillons recommencent à paraître.

L'abbé Rozier, qui a nommé cet insecte Teigne de la grappe, l'a signalé en Bourgogne, en Champagne, en Dauphiné, dans le Lyonnais et dans le Beaujolais. On l'a également observé dans les environs de Paris, à Argenteuil et dans plusieurs communes du département de Seine-et-Oise ; en 1830 et 1837, il a ravagé le Mâconnais.

Les départements de l'Yonne, de la Nièvre, de Maine-et-Loire, de la Charente-Inférieure, du Loiret, ont eu également à souffrir des attaques du Ver rouge, mais c'est surtout en Champagne, et spécialement dans le département de la Haute-Marne, que la Cochylis a exercé ses ravages avec le plus de force. En 1837 les arrondissements de Reims et d'Épernay ont été cruellement éprouvés.

Les raisins attaqués par la larve de la Cochylis de la vigne, qu'on appelle Ver rouge ont beaucoup d'acidité et cet insecte peut altérer singulièrement la qualité du vin, comme on l'a observé notamment en 1810 et 1831, où ces vers surnageaient le vin dans la cuve.

MOYENS DE DESTRUCTION.

Pendant la génération de l'été, les chrysalides sont hors de tout atteinte, mais l'hiver, placées sous l'écorce des ceps, quelquefois même dessus et réfugiées souvent en grand nombre dans les échalas, on peut en détruire beaucoup en les attaquant dans leur refuge. On pourrait soumettre les échalas à des fumigations, ou les exposer à une flamme bien dirigée.

Il serait également bon pendant l'hiver de racler le plus possible les parties des ceps où les cocons se trouvent placés extérieurement, en ayant soin de brûler tous les détritus qu'on enlèverait.

Noctuelles. — Audouin a décrit un certain nombre d'autres Lépidoptères nuisibles à la vigne, mais qui heureusement ne causent point de dégâts importants.

Cochylis.

. Tordeuse hépathique.

C'est d'abord le *Cochyllis de la vigne* (*Cochyllis vitisana*), espèce peu commune en France, observée en Allemagne où elle fait plus de tort aux vignes plantées en treille dans les jardins qu'aux vignobles proprement dits.

La *Tordeuse hépatique* (*tortrix heparana*); chaque brusse ne vit qu'aux dépens des feuilles qu'elle roule en cornet pour s'y abriter et pour s'y métamorphoser ensuite en chrysalide. On a rarement constaté les dégâts causés par cet insecte.

L'Ilythie de la vigne (*Ilythia venetella*). Le genre Ilythie appartient, comme les espèces précédentes, à la famille des Lépidoptères nocturnes, mais qui prend place dans la section des Tencites. Cet insecte se rencontre rarement sur la vigne, sa chenille est inconnue.

La *Tinea albertinella*, chenille de cet insecte, a été trouvée dans les grains d'une grappe de raisin desséchée.

Le Ptérophore à cinq doigts (*Pterophorus pentadactylus*), papillon qu'on voit quelquefois posé sur les

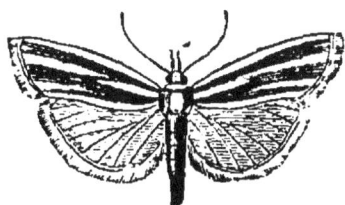

Ilythie de la vigne.   Ptérophore à 5 doigts.

feuilles de vigne, mais sa chenille n'a jamais été vue les dévorant.

Les chenilles de plusieurs Noctuelles sont connues des cultivateurs sous le nom de ver gris. Toutes ces espèces se ressemblent beaucoup et ont des habitudes analogues. Elles passent la plus grande partie de leur vie cachées dans la terre et se nourrissent des racines des plantes, mais quelquefois elles en sortent et montent alors sur les plantes mêmes dont elles dévorent les feuilles et les bourgeons.

Noctuelle épaisse (*Noctua crassa*). Les Chenilles de cette Noctuelle ne font pas des dégâts bien appréciables ; on les trouve plutôt au pied des plantes herbacées ; cependant elles mangent quelquefois les racines des vignes, et en creusant au pied des ceps, il est facile de les trouver dans leur retraite qu'elles ne quittent que le soir.

Noctuelle oblique (*Noctua obelisca*). — La chenille est rose, d'un gris vineux, avec des lignes longitudinales noires et des lignes obliques sur les parties latérales

les stigmates sont complètement cerclés de noir et l'on remarque au-dessus d'eux une série de points de la même couleur.

Cette chenille, comme celle de l'espèce précédente, vit dans la terre; mais à l'époque du développement des bourgeons, elle sort de sa retraite la nuit, pour aller les ronger, elle se laisse tomber et rentre en terre. C'est également là qu'elle se métamorphose en chrysalide.

On ne trouve cette Noctuelle que dans le midi de la France; sa chenille vit sur beaucoup de plantes différentes, et principalement sur celles de la famille des Rubiacées.

La Noctuelle aigle (Noctua aquilina). — Les mœurs de cette chenille paraissent être analogues à celles de la *Noctua obelisca*. On la trouve quelquefois dans les vignes.

Les Écailles (*Chelonia*). — Ce genre de Lépidoptères nocturnes prend place dans la section des Faux Bombix. Il est caractérisé par un corps épais, des antennes pectinées chez les mâles et légèrement dentées chez les femelles, une trompe très rudimentaire, des palpes avancées de manière à former une sorte de petit bec et des ailes larges.

On a souvent trouvé les chenilles de plusieurs espèces de ce genre occupées à dévorer les feuilles de vigne, mais elles vivent ordinairement sur d'autres plantes.

Signalons encore l'Écaille mordicante (*Chelonia mordica*); l'Écaille lubricipède (*Chelonia lubricipoda*); l'Écaille villageoise (*Chelonia villica*). L'Écaille caja (*Chelonia cuja*) est très commune, et quoiqu'on trouve sa chenille sur une foule de plantes très différentes les unes des autres, elle existe parfois en assez grand nombre sur les vignes pour y causer un dommage sensible. Dunal parle d'une vigne de 31 ares où l'on aurait tué dans une seule matinée 1200 de ces grosses chenilles qu'on pouvait facilement voir et détruire.

Procris. — Les Lépidoptères de ce genre n'appartiennent pas comme tous les précédents à la division des Nocturnes, mais à la famille des Crépusculaires, et ils

Chelonie Cuja (mâle).

se rapportent à deux genres connus sont les noms de Procris et de Sphinx.

Les Procris ont le corps assez court, les antennes filiformes pectinées chez les mâles et légèremet dentées chez les femelles; des palpes labiales courtes n'atteignant pas le bord de la tête, des ailes larges et arrondies à leur extrémité.

Procris mange-vigne (*Procris ampelophaga*). — La chenille de cette espèce n'a jamais été trouvée en France, mais elle est commune dans le nord de l'Italie où elle exerce souvent des ravages considérables.

Genre Sphinx. — Ce genre se reconnaît à un corps très robuste, à des antennes fortes, prismatiques, à des ailes antérieures lancéolées et à un abdomen large et conique. On trouve quelquefois dans les vignes le Sphinx de la vigne (*Sphinx elpenor*), et sa chenille se nourrit des feuilles, mais.elle vit plus habituellement sur des plantes du genre Epilobe. On a cité encore parmi les Sphinx dont les chenilles seraient vitivores,

Procris mange-vigne.

Deilephila Porcellus (genre sphinx pourceau).

le Sphinx petit pourceau, (*Sphinx porcellus*) et le Sphinx à lignes (*Sphinx lineata*).

PYRALE DE LA VIGNE

(Pyralis vitis. — Tortrix pilleriana).

Avant le phylloxera, la Pyrale était considérée comme l'ennemi le plus redoutable de la vigne. Dans l'*Encyclopédie méthodique*, Bosc déclare que le premier il a fait connaître cet insecte dans les Mémoires de l'ancienne Société d'agriculture de Paris, trimestre d'été de 1784, où il en donne une description assez exacte à propos des ravages qu'il venait d'exercer dans les vignes d'Argenteuil, comme dans les grands vignobles du Midi où il se montrait le plus ordinairement.

Le Mâconnais et le Beaujolais ont été envahis. En

1746, Romanèche et ses environs formaient le foyer principal de ses dégâts. Le mal y existait depuis long-temps et s'y renouvelait souvent.

Dans ses observations publiées en 1747, l'abbé Roberjot, curé de Saint-Verand, dit que depuis huit ans il l'avait remarqué. Il y avait donc eu une diminution ou interruption du fléau après 1746, puis recrudescence vers 1780. A ce moment, les ravages furent également très grands à Aï en Champagne, et à Argenteuil.

Les vignes où avaient eut lieu en 1786 les études de Roberjot ont été également envahies par le même insecte vers 1808. Romanèche était toujours le centre du mal, mais celui-ci était plus étendu. En 1809 et 1810 il devint très intense et s'affaiblit en 1811.

Quatorze ans après, en 1825, les meilleurs vignobles du Mâconnais furent de nouveau visités. La Pyrale reparut d'abord peu nombreuse, puis le mal augmenta chaque année ; vers 1834 il semble se ralentir et arrive à une insensité vraiment effrayante en 1838.

Ainsi, fait observer M. Ladrey, dans une période de cent années, nous voyons un même vignoble envahi à plusieurs intervalles et dans des conditions telles que le mal y atteint dans chacune de ces périodes des proportions considérables. En 1808 la période désastreuse a été de trois années, en 1767 elle dura sept ans ; vers 1830 elle fut encore plus prolongée.

Disons, pour terminer cet historique des désastres causés par la Pyrale, qu'en 1802, elle a dévasté les vignobles du département du Rhin, l'année suivante ceux de l'Hérault. Plus tard, vers 1825, on la remarquait aux environ de Perpignan et de Toulouse, dans les vignes de Aï (Marne), et dans le canton de Vaud.

Mais c'est surtout de 1831 à 1840 inclusivement que ses ravages prirent des proportions d'un véritable

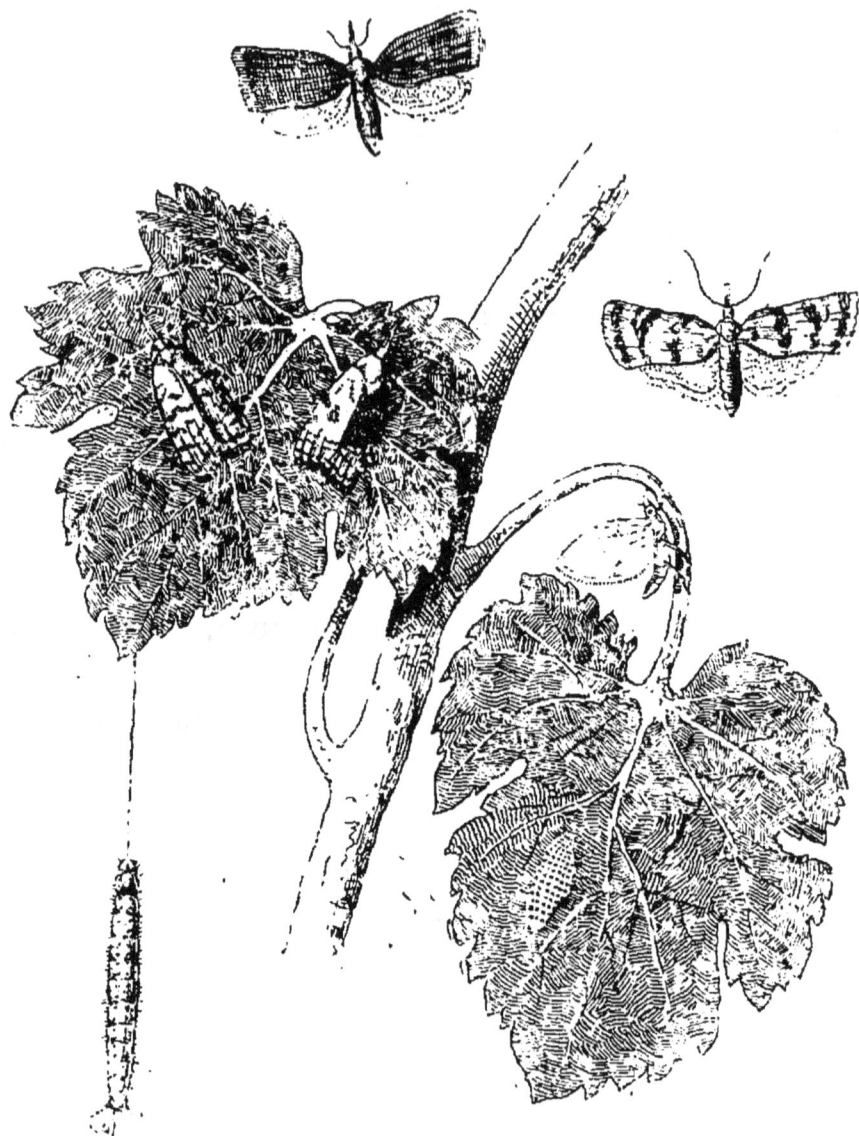

Pyrale.

fléau, compromettant la principale richesse du Mâconnais et menaçant de l'envahir complètement.

On doit à Audouin une excellente étude sur la Pyrale ; il l'a rangée dans le genre *Tortrix* de Linné.

Le papillon de la Pyrale est jaunâtre à reflets plus ou moins dorés. Palpes labiales allongées, comprimées, infléchies et renflées dans leur milieu ; antennes jaunâtres garnies de petites écailles noirâtres. Ailes antérieures d'un jaune pâle à reflets d'un vert doré avec une tache près de leur base et trois bandes transversales brunes : la première et la seconde obliques et sinuées ; la dernière placée au sommet, presque droite. Cette tache et ces bandes très marquées dans les mâles, affaiblies, ou mêmes nulles dans les femelles. Ailes postérieures de couleur gris violacé uniforme pattes et abdomen d'un jaune grisâtre.

Œufs réunis en masse et imbriqués, agglutinés sur la face supérieure des feuilles ; ovales comprimés d'abord verts, ensuite jaune gris ou bruns, et en dernier lieu tachetés de noir ; blancs après la sortie des chenilles.

Chenille verte plus ou moins jaunâtre avec des bandes d'un vert jaune ou d'un vert obscur et des taches punctiformes lisses et blanchâtres, munies chacune d'un poil ; la tête noire et le premier anneau brun ou noir.

Chrysalide d'un brun marron un peu prolongée en avant avec des épines implantées sur les anneaux, le dernier prolongé et muni de huit petits crochets.

Mœurs. — L'apparition des papillons de la Pyrale de la vigne a lieu ordinairement vers la fin de juin et dans le courant de juillet. Les éclosions de ces papillons se succèdent environ pendant 22 à 25 jours ; la durée moyenne de l'existence de ce papillon est d'environ dix jours.

Peu de temps après leur éclosion, ils cherchent à s'accoupler ; c'est le plus ordinairement au crépuscule du soir que s'effectue l'accouplement ; puis la ponte à lieu, toujours à la face supérieure des feuilles, et neuf jours après, les petites Pyrales sortent de l'œuf; néanmoins la température chaude et humide peut hâter l'éclosion des chenilles. Le nombre des plaques d'œufs dispersées sur une même feuille est plus ou moins considérable, on en compte quelquefois jusqu'à 10 ou 11. La chenille de la Pyrale est connue sous le nom de ver de l'été, de rabota et de conque.

A peine sorties des œufs, les chenilles se dispersent sur les feuilles et marchent rapidement dans toutes les directions, pour chercher un abri convenable à leur hivernation qui doit se prolonger jusqu'au printemps suivant; ce n'est qu'à cet époque que l'insecte sortira de sa retraite, pour commencer enfin à prendre quelque nourriture.

Après s'être promenées quelque temps sur la feuille, les petites chenilles se rapprochent du bord; alors se laissant tomber et soutenues par un long fil soyeux qu'elles sécrètent, on les voit suspendues dans l'air, attendant souvent assez longtemps qu'un vent favorable vienne les lancer sur le cep même de la vigne.

Lorsqu'elles ont une fois gagné le cep, c'est dans les fissures du bois, ou sous l'écorce, que les petites chenilles cherchent à se réfugier, la moindre anfractuosité, la plus légère séparation entre l'écorce et le bois va leur fournir un sûr abri; mais la racine ne paraît pas leur convenir non plus que la partie inférieure du tronc. Les endroits qu'elles préfèrent sont les extrémités des sarments et surtout les parties coudées et par cela même abritées. Dans les vignobles où l'on emploie des échalas pour soutenir les vignes, ces supports servent aussi de refuge à beaucoup de jeunes larves.

Lorsque les larves ont enfin trouvé un lieu de refuge

où doivent se passer les trois quarts de leur existence, elles se filent chacune un petit cocon long de 5 à 6 millimètres, ovoïde, formé d'une soie grisâtre et ténue; c'est dans cet étroit fourreau qu'elles restent blotties, jusqu'à ce que les premiers rayons du soleil viennent les tirer de leur sommeil léthargique et leur faire sentir le besoin de nourriture. C'est généralement pendant la première quinzaine de mai qu'elles sortent en plus grand nombre de leur retraite d'hiver, ce phénomène s'observe pendant vingt à vingt-cinq jours.

Dès que les jeunes chenilles ont gagné les extrémités des pousses, leur premier soin est de trouver des fils et de rapprocher autant que possible l'une de l'autre les feuilles et les petites grappes qui constituent le bourgeon, afin de s'en former une enveloppe; et ce n'est que quand elles sont abritées ainsi qu'elles commencent à manger. Bientôt elles quittent l'extrémité des pousses et descendent au milieu des tiges, puis elles gagnent les grandes feuilles et les grappes, elles se construisent une nouvelle loge et recommencent leur œuvre de destruction de la vigne; mais ce n'est pas seulement la voracité des chenilles qui cause la destruction. Ces fils innombrables jetés dans tous les sens par les chenilles entravent la végétation, arrêtent complètement la floraison et la fructification des grappes qui s'y trouvent mêlées.

Tant que les larves sont très jeunes, elles ne mangent pas les grappes de raisin, qu'elles se contentent d'entortiller, et ces grappes en se formant leur servent de retraite et présentent un soutien à leurs fils.

Mais lorsque les chenilles acquièrent plus de force, elles ne se bornent plus à inciser les pédoncules de la vigne, elles attaquent jusqu'aux grains en les coupant et souvent en les rongeant; pourtant, alors même, il reste prouvé qu'elles continuent à préférer beaucoup les feuilles aux fruits.

On remarque quelquefois tout à coup dans les vignes les plus ravagées par la Pyrale un arrêt complet dans les progrès du mal : c'est que l'insecte subit ses mues. A peine une mue a-t-elle eu lieu que les larves recommencent à manger, jusqu'à ce qu'une nouvelle mue ramène les mêmes phases.

Enfin, la chenille se transforme en chrysalide. Cette transformation s'opère graduellement depuis le 20 juin jusqu'au 10 juillet, elle a lieu souvent dans les retraites que les chenilles ont construites. La chrysalide, renfermée dans l'intérieur du cocon qu'elle s'est filé, reste dans cet état pendant quatorze à seize jours : alors le papillon est formé, il doit quitter la chrysalide.

Il existe une mouche Ichneumon qui souvent anéantit complètement dans une contrée entière la Pyrale, au moment où cet insecte y exerce les plus terribles dégâts.

Chaque Pyrale servant ainsi à la reproduction en grand nombre des insectes qui la tuent, on comprend que sous l'empire de certaines circonstances, il arrivera un moment où les Ichneumons auront pris un tel développement que la Pyrale devra succomber au nombre. C'est en effet ce qui s'observe dans certains pays.

En dehors de l'ennemi naturel de la Pyrale, l'homme a cherché les moyens de la détruire. Deux moyens ont surtout été employés avec succès.

La cueillette faite à deux reprises en juillet (à quinze jours de distance) des feuilles sur lesquelles ont été déposés les œufs. Pendant plusieurs années on a pu, dans le Beaujolais, sauver les récoltes des ravages de cette chenille.

Ébouillantage des ceps de vigne.

Depuis on a substitué à cette méthode un nouveau procédé qui, d'après l'opinion des commissaires de la Société d'agriculture de Lyon, a été reconnu pour être encore plus efficace et plus économique : c'est l'échaudage des ceps ou l'ébouillantage.

Dans une instruction publiée par le ministre de l'agriculture et du commerce, M. Heuzé, inspecteur général, a décrit ce procédé qui, dit-il, a été imaginé en 1838, par Benoit Raclet, vigneron à Romanèche (Saône-et-Loire). L'État reconnaissant pour l'immense service qu'il a rendu à la Bourgogne, dans laquelle la Pyrale a causé si souvent de grands dommages, a assuré l'existence des enfants de cet homme utile, mort en 1849.

Voici comment on opère l'échaudage.

A l'aide d'une chaudière spéciale et portative on fait *bouillir de l'eau*, puis, quand elle est en ébullition, on en remplit une *cafetière* en fer-blanc munie d'un long bec effilé, de la capacité d'un litre environ, et on la verse promptement sur le tronc et successivement sur chaque bras ou corne, en *opérant de bas en haut* et en *évitant de mouiller les yeux des coursons et des vinées*. On cesse quand tout le cep a été lavé ou a reçu une injection d'eau bouillante, pour opérer sur une autre vigne.

L'eau doit être bien chaude afin qu'elle puisse dissoudre rapidement la *gomme* des coques soyeuses logées dans les fissures des ceps sous les vieilles écorces et arriver jusqu'aux insectes. *L'eau bouillante tue toutes les chenilles qu'elle touche* dans leurs retraites les plus cachées.

On opère par un *temps beau et doux*, en janvier, février ou en mars, aussitôt que la *taille est terminée* et les sarments ramassés et mis en paquets. La *cafetière doit être enveloppée de lisière de drap*, afin que l'eau conserve le plus longtemps possible sa haute température ou sa grande chaleur, Il faut éviter d'opérer pendant les temps de gelées. On commence toujours par le bas du cep.

Deux ouvriers sont nécessaires pour opérer vite et bien : l'un, le *chauffeur*, alimente l'appareil d'eau et entretient régulièrement le feu dans le foyer ; l'autre, l'*arroseur*, verse l'eau bouillante sur la vigne dans la proportion moyenne d'*un litre par cep* bourguignon. Le chauffeur doit verser dans la chaudière, à l'aide de l'entonnoir qui la surmonte, autant d'eau froide que l'arroseur retire d'eau bouillante. En agissant ainsi, l'eau est toujours en ébullition, et l'*arroseur a constamment de l'eau très chaude à sa disposition*.

Deux ouvriers intelligents et habiles peuvent traiter par jour de 1,500 à 2,000 ceps.

La chaudière est alimentée avec du *charbon de terre ;* elle consomme 25 kilogrammes de houille par hectare. Deux crochets, sous lesquels on engage deux échalas ou leviers, permettent de la déplacer aisément. Elle est accompagnée d'une *caisse à charbon*, d'un *tisonnier* et d'un *tonneau à eau ayant aussi deux crochets*. Suivant ses dimensions, elle coûte de 30 à 50 francs.

Les ouvriers qui opèrent pour la première fois agissent lentement, parce qu'ils manquent d'expérience; mais ils acquièrent bientôt la pratique nécessaire et exécutent vite et avec régularité.

Le plus difficile souvent, dans cette opération, c'est d'avoir de l'eau sur place et en quantité nécessaire. Quand le vignoble est éloigné d'une fontaine, d'une source ou d'un ruisseau, on en apporte à l'aide de barriques et d'une voiture qu'on place le plus près possible de la vigne dans laquelle on opère l'échaudage.

Jusqu'à ce jour, on a constaté partout que l'*échaudage bien exécuté ne nuit nullement à la vigne*. Ainsi les ceps lavés à l'eau bouillante, alors que *les coursons n'ont pas été mouillés*, produisent des pampres aussi vigoureux que les vignes qui n'ont pas subi cette opération parce que la pyrale n'y existait pas.

Les dépenses occasionnées par l'échaudage ne dépassent pas, en moyenne, 50 francs par hectare.

M. Heuzé a également décrit l'échaudage des échalas qui se fait exactement comme l'ébouillantage des ceps. Toutefois on peut, pour agir plus vite, comme les échalas sont réunis en tas, çà et là, dans le vignoble, ôter le couvercle de la chaudière et les plonger d'un bout dans l'eau bouillante pendant quelques secondes et les retourner ensuite pour échauder leur autre extrémité.

Cette opération doit être faite après l'*apointillage* des échalas pour *ne pas rendre l'eau terreuse*.

Soufrage des échalas. — On peut remplacer l'ébouillantage des échalas en les soumettant à l'action de la vapeur sulfureuse. A cet effet, on réunit les échalas en tas circulaire, en ayant la précaution de ménager un petit espace à la base du tas. Alors, on introduit dans cet endroit un réchaud contenant du *charbon de bois bien allumé* sur lequel on projette une poignée de *fleur de soufre*. Cela fait, deux hommes couvrent tout de suite le tas au moyen d'une *cloche en bois* ou d'une *barrique défoncée d'un bout*, en ayant la précaution qu'elle porte bien sur le sol. Au bout de deux heures, on enlève la cloche pour la placer sur un autre tas d'échalas.

Ce procédé a été mis en pratique avec succès dans les vignobles de la Champagne.

La Pyrale de la vigne à l'état d'insecte parfait à

quatre ailes; les supérieures, jaune verdâtre, les inférieures brunes à reflets soyeux.

HÉPIALE DU HOUBLON

(*Hépialis humuli*).

Les racines du houblon sont attaquées par un Lépidoptère que les auteurs allemands et anglais ont décrit comme faisant partie de la tribu des Zenzerides. L'Hépiale en question, dit le D͏ʳ Boisduval, est très remarquable, en ce que le mâle a les ailes supérieures entièrement d'un blanc de neige argenté et la femelle d'un jaune d'ocre, traversés par deux raies obliques rougeâtres. Elle est rare aux environs de Paris, mais assez commune dans les départements du Nord.

Sa chenille ne dépasse pas 4 centimètres de long : elle est blanc jaunâtre avec la tête et le dessus du premier anneau brun; ses mâchoires sont noires ainsi que ses stigmates; ses dix segments postérieurs sont chargés de points verruqueux fauves, donnant chacun insertion à un poil. Elle vit au-dessus des grosses racines du houblon, et quand elle ne détermine pas la mort par ses érosions, elle le fait pour le moins languir et jaunir. Au moment de se changer en chrysalide, elle fabrique une longue coque avec des parcelles terrestres qu'elle relie avec un fil de soie et tapisse en même temps sa cellule d'un réseau soyeux plus serré. On la trouve toujours dans cet état au voisinage des racines qu'elle a en partie dévorées.

Quand le moment de se métamorphoser en insecte parfait est arrivé, elle perce sa coque, se fraye une route dans le sol au moyen des épines dont la partie abdominale de la chrysalide est hérissée, arrive près de la surface, déploie ses ailes et prend son vol dans le mois de juin ou de juillet, deux mois après avoir passé de l'état de larve à celui de chrysalide. Le Papillon vole le soir un peu après le coucher du soleil;

Hépiale du houblon (femelle).

il est lourd et très facile à prendre, il rase pour ainsi dire la surface du sol, on peut le prendre à la fin de juin.

BOMBYX DE LA LUZERNE

(Bombyx trifolii).

Le Bombyx de la luzerne est un Papillon de nuit, par conséquent ayant tous les caractères particuliers à cette tribu des Lépidoptères : ailes abaissées au repos, antennes massives et barbelées. Il porte comme signe distinctif une bande à la base des ailes supérieures et une raie transversale sur les ailes inférieures.

La chenille sort d'un œuf pondu isolément par la femelle et elle est hérissée de poils noirs. On la rencontre au mois de juin et elle continue à vivre sur la luzerne jusqu'au commencement de juillet.

Parvenue alors à toute sa croissance, elle se file un cocon d'une toile de soie lâche au milieu des feuilles sèches ou des fragments d'herbe répandus sur le sol ; ou bien, elle s'enfonce dans la terre à 15 centimètres

de profondeur et se change en chrysalide dans un cocon solide, ovale, couleur d'ocre brun, où elle passe
l'hiver. Au printemps suivant, l'insecte parfait brise sa
prison et s'envole.

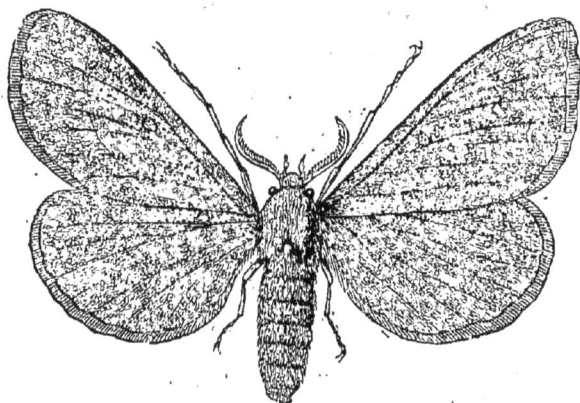

Bombyx de la luzerne.

L'unique moyen d'arrêter ses dégâts, lorsqu'ils deviennent par trop graves, c'est de suspendre la culture
de la luzerne.

BOMBYX DU TRÈFLE

L'analogie avec le Bombyx de la luzerne est telle

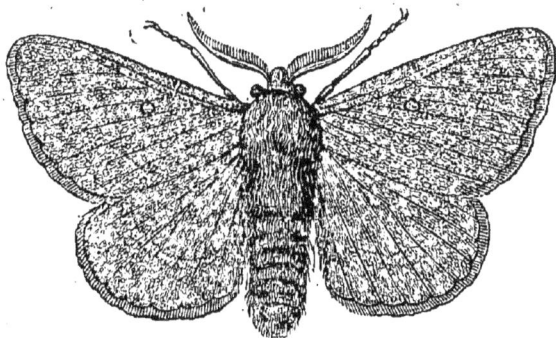

Bombyx du trèfle.

qu'il n'en forme qu'une variété. Et ce qui est vrai de
l'un est vrai de l'autre.

PSYCHÉ STOMOXELLE

La Psyché stomoxelle appartient à la classe des Papillons nocturnes et y forme une tribu des psychides ; elle n'attaque ni les arbres ni les fruits, mais elle cause dans les prairies des ravages dont on a longtemps ignoré la cause. Depuis 1858, M. Melibet, secrétaire de la Société d'agriculture du Puy, l'a signalée comme très nuisible aux prairies de ce pays.

La femelle est aptère et le mâle seul, dit Milne Edwards, a la faculté de se déplacer par le vol. Il en résulte que les œufs pondus par cet insecte destructeur doivent se trouver dans les lieux mêmes où ils viennent d'exercer leurs ravages. Par conséquent, si on brûlait sur place des herbes dans les endroits ravagés, on pourrait espérer détruire la source du mal.

Cet insecte a les antennes plumeuses ou pictinées, le corps très velu, les ailes chargées de peu d'écailles et souvent diaphanes. La Chenille aptère est vermiforme, et ne sort de son fourreau ni pour s'accoupler ni pour pondre ; elle est glabre, décolorée ; les trois premiers anneaux de son corps sont cornés, le reste mou.

PIÉRIDE DU CHOU

(Papillon blanc du chou. — *Pieris brassicæ*).

L'homme, en développant les plantes fourragères et potagères, a multiplié plusieurs espèces d'insectes nuisibles de la famille des Piérides, qui constituent un genre nombreux de la tribu des Papillioniens et très communs dans notre pays. Le genre *Pieris* se distingue par des antennes assez longues, à massue comprimée, un peu coniques. Palpes assez longues, un peu écartées, très hérissées ; le dernier article fort grêle. Ailes arrondies.

Il y en a trois espèces qu'il est facile de discerner à première vue le grand, le petit et le blanc veiné de vert. Ce n'est pas du reste le chou seul qui souffre de leurs déprédations ; le turneps, le cresson, la rave,

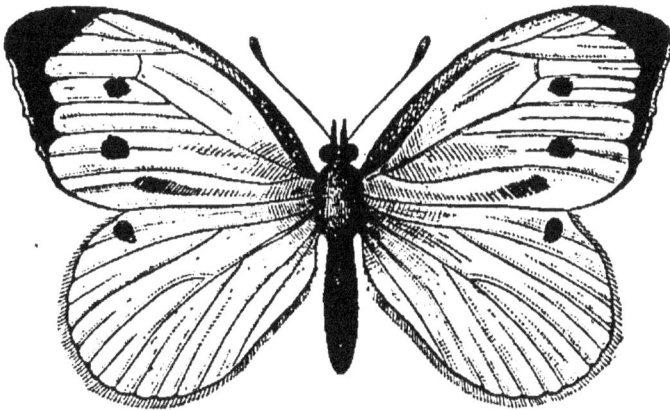

Piéride du chou.

les navets et les carottes ne sont pas à l'abri de leur atteinte.

Le grand et le petit papillon blanc se ressemblent à tous les points de vue, sauf la taille. Il est inutile de s'étendre sur les différences légères qui les séparent, puisqu'ils sont l'un et l'autre fort communs et très connus : le grand papillon a les ailes blanches et le corps noir ; le petit a l'extrémité des ailes supérieures noires.

Dans les trois espèces dont il s'agit ici, la femelle dépose ses œufs sur le revers de la feuille de chou. Ils sont longs, jaunâtres, de la forme d'un pain de sucre, cannelés et striés transversalement et plantés debout.

L'analogie jusque-là saute aux yeux, mais elle finit quand le moment de l'éclosion est venu. La chenille

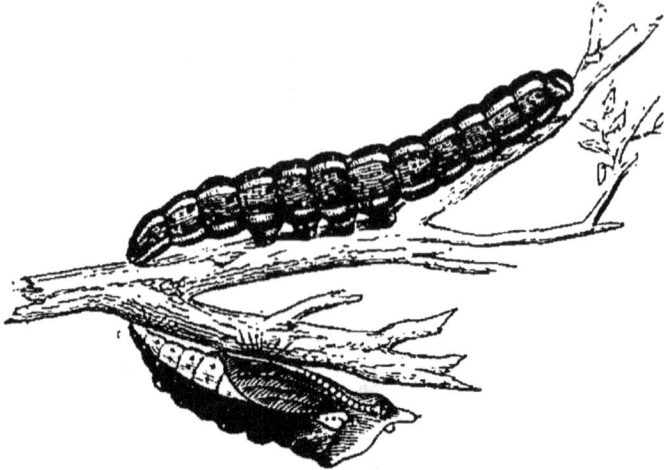

Chenille et chrysalide de la Piéride du chou.

du grand papillon est d'une couleur cendrée bleuâtre ; celle du petit est d'une teinte vert sombre et celle du blanc veiné porte une nuance d'un vert délicat.

PAPILLON MACHAON

(Papilio machaon).

Le grand Papillon Machaon est un Lépidoptère de la famille des Papillionides qui comprend le genre Papillon proprement dit (papilio), dont les espèces connues s'élèvent déjà à plus de deux cent cinquante. Tous les insectes de ce genre ont une grande taille.

Pendant la grande chaleur, on rencontre assez souvent ce beau Papillon, aux ailes bizarrement découpées et aux couleurs voyantes, appartenant à la famille des Diurnes ; il provient d'une chenille d'un beau vert, avec des anneaux noirs, ponctués de rouge, qu'on

rencontre assez souvent sur les Ombellifères et principalement sur la carotte et le fenouil. Elle est de la
grosseur du petit doigt et répand une odeur pénétrante et désagréable, comme presque toutes les chenilles du genre Papillon proprement dit. L'anneau le
plus rapproché de la tête porte une paire de cornes
fauves, à base commune.

Ces chenilles se répandent sur les feuilles sans s'é-
carter beaucoup les unes des autres ; elles les rongent,

Papillon machaon.

les percent et en consomment une notable quantité,
car elles sont très voraces et en mangent chaque jour
environ le double de leur poids. Elles subissent ensuite
leurs transformations ; ne se filent aucune espèce de
cocon, agissant en cela du reste comme toute la famille des Papillons diurnes, et se contentent de s'attacher à mi-corps par un fil sur un rameau ou sur une
feuille.

L'insecte parfait a environ quatre pouces d'envergure, le dessus des ailes jaune, bordé d'une large bande

noire divisée sur les ailes supérieures par une série de huit points marginaux jaunes et sur les inférieures par une rangée marginale de six lunules de la même couleur, précédées d'une tache bleue; à leur angle interne se trouve une tache rouge surmontée d'un crois·

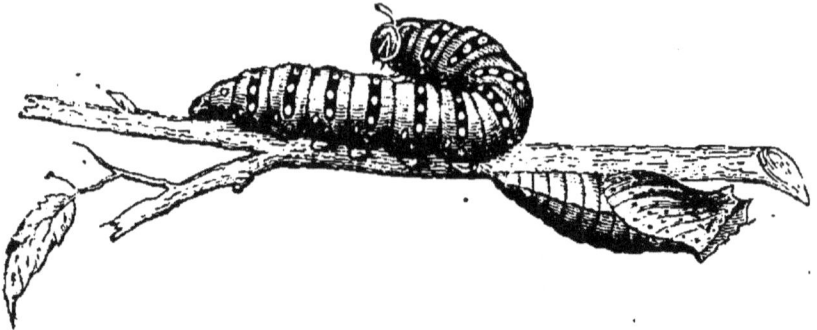

Chenille et chrysalide du papillon Machaon.

sant bleu. La partie jaune des deux paires d'ailes est divisée par des veinures noires; le corps est jaune, avec une bande dorsale et les antennes noires.

On le regarde à l'état de chenille comme un destructeur de carottes.

MOYENS DE DESTRUCTION

Pour se débarrasser de ce papillon nuisible on lui fait la chasse et on le prend au moyen du filet à papillon; on s'attache surtout à saisir les femelles; on recherche les chenilles sur les choux, les chrysalides derrière les treillages, au-dessous des corniches on les écrase, ainsi que les plaques d'œufs qu'on rencontre sous les feuilles.

La chenille de ce grand Papillon est exposé aux atteintes d'un ennemi naturel d'une très petite taille qui lui fait une guerre éternelle et en détruit au moins les trois quarts. Cet ennemi est encore un ichneumonien appartenant à la sous-tribu des Braconites et au genre Microgaster, dont le nom *Microgaster glomeratus* Microgaster aggloméré. La femelle pond ses œufs au nombre d'une vingtaine au moins dans le corps d'une seule chenille. Les petites larves sorties de ces œufs s'y développent, percent la chenille, puis se réunissent dans un petit cocon de soie jaune. Au bout de quinze jours, il sort de chacun de ces cocons un petit ichneumonien qui s'envole, s'accouple, et va ensuite pondre sur les chenilles du chou qu'il rencontre.

On doit bien se garder de tuer cet utile auxiliaire ; on devra au contraire le multiplier en transportant près des champs de chou toutes les masses de cocons agglomérés, jaunes ou blanchâtres qu'on rencontrera dans la campagne, fixés contre les murs, les pierres et les plantes.

Un autre grand ichneumonien dont la larve vit solitaire dans le corps de la chenille et de la chrisalide du *Pieris bracicæ*, sans se filer de cocon, se nomme *Pimpla instigator*. Il appartient au genre Pimpla.

Curtis a décrit un autre ennemi du chou ; c'est un petit moucheron de couleur brillante ; la femelle dépose ses œufs sur les côtés de la chrysalide, au moment où la chenille vient de quitter sa dernière place et quand cette chrysalide est molle ; elle en pond de 200 à 300. Ces petites larves entrent dans le corps de la chrysalide et se nourrissent de sa substance jusqu'à leur entier accroissement ; elles se changent elles-mêmes en chrysalides dans une habitation, et les insectes parfaits éclosent au bout de quinze jours en été ; quelques-uns passent l'hiver et ne paraissent qu'au printemps. Lorsqu'ils sont sortis de leur berceau, ils volent au-dessus en essaim, s'accouplent et vont ensuite chercher les chrysalides pour les piquer. Ce petit insecte est de l'ordre des Hyménoptères, de la famille des Pupivores, de la tribu des Chalcidites et du genre Pteromalus. Il est connu sous le nom de *Pteromalus larvarum.*

Le Dr Robineau-Desvoidy a signalé un autre parasite du *Pieris brassicæ*, sur un diphtère du genre Doria, le *Doria concimata.*

MITE DES COLZAS

.

On connaît assez bien aujourd'hui la famille des Acarides dont les insectes en général de petite taille, quelquefois même mioroscopiques, pullulent prodigieusement et dont les mœurs varient à l'infini. Les uns habitent sous les pierres, les autres se rencontrent dans la collection d'insectes qu'elles ravagent, d'autres dans des substances organiques altérées, comme le fromage. Certains vivent en parasites sur les animaux, sur les plantes ou sur les graines. M. Focillon a signalé un acarien qui vit dans les graines de colza, conservées dans les greniers. Cet insecte vit des débris pulvérulents que donnent dans les tas de colza les graines malades. Il en a nourri pendant un mois uniquement avec ces poussières, qu'il avait recueillis isolément.

Il a constaté, au contraire, que si l'on choisit des graines saines et si l'on place des Mites au milieu d'elles, ces acariens s'en échappent bientôt, ou y périssent s'ils ne le peuvent. Aussi M. Focillon est-il porté à penser que la Mite vit dans les colzas de mauvaise qualité, et que le meilleur moyen de nettoyage des graines sera le meilleur aussi pour chasser ces animaux. D'ailleurs la Mite dont il s'agit ne fait,

comme on voit, aucun mal au colza, et n'a d'inconvénient que de salir la graine et d'y annoncer la présence de débris malades qui altèrent la qualité de
colza.

NIELLE DU BLÉ

Dans une des conférences de la Sorbonne M. Pasteur
a exposé l'histoire fort intéressante d'un de ces petits
êtres dont il avait été si longtemps impossible à la
science de surprendre le mode de reproduction.

La *Nielle*, cette maladie du blé, est produite par la
présence dans les grains malades de petits vers mi-
croscopiques, les Anguillules.

Ces Anguillules, M. Pasteur nous les montre d'a-
bord endormies d'un sommeil léthargique dans le
grain de blé desséché où elles sont logées, puis re-
trouvant la vie lorsqu'un peu d'humidité a été rendue
au grain, et s'agitant alors, frétillant avec une vivacité régulière.

Ces Anguillules n'ont absolument aucun organe de
génération. Il n'y a parmi elles ni mâles ni femelles.
Donc ce sont, a-t-on dit, des générations spontanées.

Eh bien, voici à cet égard la vérité. Que, parmi les
grains de blé confiés par le laboureur aux sillons, il
s'en trouve un qui soit niellé, ce grain s'imprégnera
de l'humidité du sol, et tandis que cette humidité ap-
portera la vie aux grains bien portants, les fera germer,
se développer, le grain niellé au contraire se pourrira.

L'humidité pénétrera jusqu'aux Anguillules. Alors,
se réveillant de leur long sommeil, elles ressusciteront
pour ainsi dire, et perforant l'enveloppe pourrie qui les
enferme, elles iront chercher les grains bien portants,
y pénétreront, et, s'établissant dans l'intervalle des

feuilles naissantes, suivront peu à peu tout le mouvement de la jeune plante.

Elles arriveront ainsi aux feuilles qui renferment le jeune épi, et finiront par pénétrer dans ces grains encore mous et laiteux. Une fois là, elles deviennent adultes ; les unes prennent des organes de génération mâles, d'autres des organes de femelles.

Les femelles, fecondées par les mâles, pondent des œufs.

De chacun de ces œufs sort une petite Anguillule. Le père et la mère alors périssent ; les débris de leurs corps se résolvent entièrement, et, quand l'épi niellé est mûr, il n'y a plus dans le grain que les petites Anguillules dont nous parlions tout à l'heure, et qui demeurent sans mouvement si l'épi est sec. Ces Anguillules sont des jeunes qui n'ont pas encore d'organes de génération visibles, qui ne les ont qu'en puissance.

Il nous est maintenant facile de comprendre que le chaulage ou le cuivrage des blés soit sans action sur le non-développement de la maladie.

Il faudrait, pour que ces moyens fussent utiles, qu'ils vinssent à détruire les petits êtres (Anguillules) après avoir traversé l'enveloppe.

Le moyen qui me paraît à priori le plus utile et le plus commode, serait de faire chauffer les grains à une température assez élevée pour faire mourir les animalcules.

Il s'agirait aussi de savoir si cette température ne serait pas nuisible à la germination. C'est l'expérience qui nous l'apprend.

FIN.

TABLE DES MATIÈRES

FIN DE LA TABLE DES MATIÈRES.

2174-83. — Corbeil. — Typ. et stér. Crété.